16. COLLOQUIUM DER
GESELLSCHAFT FÜR PHYSIOLOGISCHE CHEMIE
AM 28./30. APRIL 1965 IN MOSBACH/BADEN

LIPOIDE

BEARBEITET VON E. SCHÜTTE

MIT 74 ABBILDUNGEN

SPRINGER-VERLAG

BERLIN · HEIDELBERG · NEW YORK

1966

ISBN-13: 978-3-540-03480-3   e-ISBN-13: 978-3-642-87370-6
DOI: 10. 1007/978-3-642-87370-6

Library of Congress Catalog Card Number 52-3250

Titel Nr. 4344

Vorwort

Das 16. Mosbacher Colloquium wurde von Herrn E. KLENK (Köln) geplant. Infolge Erkrankung von Herrn KLENK lag die Vorbereitung dann im wesentlichen in den Händen von Frau H. DEBUCH (Köln).

Die Gesellschaft für Physiologische Chemie dankt dem Deutschen Akademischen Austauschdienst und dem Margarine-Institut für gesunde Ernährung, Hamburg, für großzügige Unterstützung, die es möglich machte, Forscher aus den Vereinigten Staaten, Kanada, Japan und England zu Vorträgen einzuladen. Der Stadt Mosbach gebührt unser Dank für die seit Jahren gewährte großzügige Gastfreundschaft.

Die Drucklegung verzögerte sich durch Schwierigkeiten bei der Redaktion der Diskussion. Die schriftliche Fixierung einer Diskussion ist ja sowieso eine fragwürdige Angelegenheit: das Wesentliche, die geistige Spannung des Augenblicks läßt sich nicht reproduzieren. So bleibt eine Sammlung von Bemerkungen, von denen viele nur durch den nicht immer rekonstruierbaren Gang der Diskussion Sinn und Gewicht erhalten.

Nach reiflichen Überlegungen haben sich der Vorstand der Gesellschaft für Physiologische Chemie und der Springer-Verlag schließlich entschlossen, die Vorträge ohne Diskussion zum Druck zu bringen.

Die Gesellschaft dankt dem Springer-Verlag für die Geduld und das verständnisvolle Eingehen auf die Wünsche des Herausgebers, wodurch das Erscheinen des Buches doch noch möglich wurde.

E. SCHÜTTE

Inhalt

The Inositol Lipids of Plants

By H. E. CARTER

Noyes Laboratory of Chemistry, University of Illinois, Urbana, Illinois, USA

Some years ago, we devised a procedure for preparing an inositol lipid fraction from seed phosphatide mixtures[1]. Somewhat to our surprise, this fraction contained, in addition to the previously recognized phosphatidyl inositol, a long-chain base-containing glycolipid. The base (designated as phytosphingosine) was shown[2] to have the following structure.

$$CH_3(CH_2)_{13}CH—CH—CH—CH_2$$
$$\quad\quad\quad\quad | \quad\ | \quad\ | \quad\ |$$
$$\quad\quad\quad\quad OH \ \ OH \ \ NH_2 \ OH$$

D-*erythro*-1,3,4-trihydroxy-2-amino-octadecane

In order to study the nature of the phytosphingosine-containing lipid(s), the ester phosphatides of the inositol lipid fraction were destroyed by a mild alkaline hydrolysis. The amorphous product (5% yield from the original phosphatide) contained most of the phytosphingosine and carbohydrate of the original material. Its limited solubility in organic solvents made purification difficult. However, precipitation from pyridine with ethanol gave products of similar properties and analytical data (Tab. 1) from a number

Table 1. *Properties of Purified Phytoglycolipids*

Source	Nitrogen %	LCB Nitrogen %	Phosphorus %	Anthrone %	$[\alpha]^{25}D$ (Pyridine) Degrees
Corn	1.88	0.73	1.93	20	+50
Flaxseed	1.68	0.83	1.84	15	+47.3
Soybean	1.66	0.79	2.07	20	+53
Peanut	1.73	0.64	1.93	—	+50.6
Cottonseed	1.66	0.80	2.01	15	+47
Sunflowerseed	1.60	0.60	1.66	20	+51

of plant phosphatides[3], (corn, soybean, peanut, cottonseed, sunflowerseed and more recently flaxseed). The general term phytoglycolipid (PGL) has been applied to these materials. On acid hydrolysis, all of the phytoglycolipids yield phytosphingosine, fatty acids, myo-inositol (and myo-inositol phosphate), glucosamine, galactose, arabinose, and mannose. Glucuronic acid was later detected as a constituent, although it is essentially completely destroyed in the acid hydrolysis of PGL. In addition fucose is obtained from flax phytoglycolipid, and to a less extent from other plant PGLs.

I should like, first, to discuss our work on the structure of the phytoglycolipids and, secondly, to deal briefly with the problems we encountered in attempting to separate phytoglycolipids from the inositol lipid mixture without using an alkaline hydrolysis step.

Before undertaking structural studies on phytoglycolipid, a number of attempts were made to obtain it from the inositol lipid fraction without prior alkaline hydrolysis. By countercurrent distribution in various hexane-alcohol systems, it was possible to separate inositol lipid into a phosphatidyl inositol fraction (alcohol) and a phytoglycolipid fraction (hexane). The latter was, however, still contaminated with phosphatidyl inositol even after two hundred distributions. This point will be returned to later.

Before undertaking further fractionation studies, it seemed desirable to learn something about the carbohydrate component(s). The analytical data suggested a hexasaccharide moiety but did not preclude a wide variety of possible structures.

In order to gain some information on this point, alkaline hydrolyses of both crude and purified PGL were undertaken. PGL proved to be remarkably resistant to cleavage by sodium or potassium hydroxide. However, satisfactory hydrolysis was achieved by treatment with saturated barium hydroxide at 100° for 16 hours. Extraction of the acidified hydrolysate with chloroform yielded small amounts of phytosphingosine and ceramide together with a larger quantity of ceramide phosphate (isolated as the nicely crystalline dipotassium salt). These observations, with the previous isolation of myo-inositol phosphate, establish the presence of a phosphate diester bridge between ceramide and myo-inositol.

The aqueous hydrolysate yielded two oligosaccharide fractions which were separated over Dowex-2 (HCO_3^-). The eluate contained a phosphorus-free oligosaccharide mixture while that retained on the column was a phosphorylated oligosaccharide; each contained all of the original carbohydrate components.

The phosphorus-free oligosaccharide proved to be a satisfactory material for further degradation studies. Mild acid hydrolysis (2.0 N H_2SO_4 for 30 minutes at $100°$) of the oligosaccharide mixture gave a beautifully crystalline product containing only myo-inositol, glucuronic acid and glucosamine[4]. This trisaccharide is obtained readily in excellent yields from each of the PGLs investigated and accounts for essentially all of the glucosamine and glucuronic acid of the oligosaccharide. Strong acid hydrolysis yielded myo-inositol, glucosamine and a disaccharide containing glucosamine and glucuronic acid. Treatment of the trisaccharide with nitrite yielded chitose and glucuronido-myo-inositol. Thus the trisaccharide is a glucosaminido-glucuronido-myo-inositol.

The heterogeneity of the oligosaccharide was established by paper chromatography. The free oligosaccharide gave an elongated spot ($R_F 0.02$—0.26) in 1-butanol-pyridine-water ($6:4:5$). (Under these same conditions, glucosaminido-glucuronido-myo-inositol gave an R_F of 0.24, glucosylinositol an R_F of 0.26, and myo-inositol an R_F of 0.35.) However, all efforts to obtain separate discrete spots from the oligosaccharide failed. Confirmation of the inhomogeneity of the oligosaccharide fraction was obtained in attempts to purify it on a carbon-Celite column by the method of WHISTLER and DURSO[5]. Development of the column with increasing concentrations of aqueous ethanol gave a series of fractions. The early peaks on hydrolysis yielded trisaccharide plus mannose (major component) and galactose (minor component). Arabinose and fucose were absent. In later fractions, galactose was the major component with mannose, arabinose, and fucose present as minor constituents. A similar fractionation, using a mixture of free and phosphorylated oligosaccharide, gave similar distribution of sample and sugar composition.

Although some fractionation of the oligosaccharide mixture was effected on carbon columns, a clean separation of components was not achieved. Attention was therefore turned to the use of ion-exchange resins. Partial resolution was obtained over columns of Dowex-1 (OAc$^-$) with an acetic acid-water gradient elution. The results with Dowex-2 (HCO_3^-) resin were more promising and after some experimentation with resin mesh size, column size, and elution rates, a procedure was developed which gave six peak fractions. Each fraction was characterized by analysis for the constituent sugars and by the isolation of glucosaminido-glucuronido-myo-inositol from acid hydrolysates.

Fraction A*, accounting for 9% of the original material, proved to be glucosaminido-glucuronido-myo-inositol. The major peak, fraction B, contained mannose and a trace of galactose in addition to glucosamine, glucuronic acid, and myo-inositol. The main component of fraction B moved as a tetrasaccharide on Sephadex G-25 and was completely devoid of galactose, arabinose, and fucose. The analytical data on the free amorphous tetrasaccharide and the crystalline N-acetyl derivative are in excellent agreement with those of a tetrasaccharide containing myo-inositol, glucuronic acid, glucosamine, and mannose. The N-acetyl tetrasaccharide was further characterized by reduction of the carboxyl group to give a crystalline substance containing equimolar amounts of myo-inositol, glucose, N-acetylglucosamine, and mannose.

The remaining fractions contained major amounts of galactose plus mannose, arabinose, and fucose. The nitrogen content and trisaccharide content decreased progressively from fraction B to fraction F. Analytical data and results of chromatography on paper and on Sephadex G-25 strongly indicate that the major components of fractions C, D, E, and F are, respectively, penta-, hexa-, hepta-, and octasaccharides. The carbohydrate composition of these fractions cannot be reconciled with the presence of a single component. It seems certain that these fractions are mixtures of various possible pentasaccharides and higher oligosaccharides.

It is concluded that the oligosaccharide mixture obtained by hydrolysis of corn phytoglycolipid has the following approximate composition:

Component		%
A	Glucosaminido-glucuronido-myo-inositol	9
B	Tetrasaccharide ([mannosido]-glucosaminido-glucuronido-myo-inositol)	41
C	Pentasaccharides	10
D	Hexasaccharides	10
E	Heptasaccharides	14
F	Octa and higher oligosaccharides	8

* The fractions are designated in the reverse order of their emergence from the column. Thus the higher oligosaccharides (Fraction F) with less charge per unit weight were eluted first and Fraction A last.

Phosphorylated oligosaccharide has a similar composition with the addition of the phosphate group.

These data establish the following type structure for phytoglycolipid.

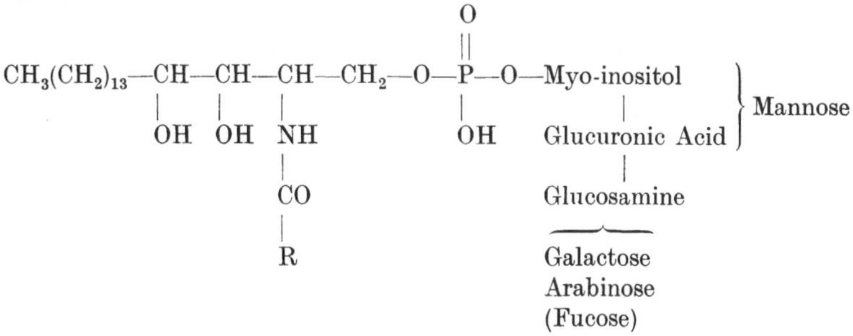

We next undertook a study of the structure of the major component of the oligosaccharide mixture. This amorphous tetrasaccharide was characterized as the crystalline N-acetyl and N-acetyl carboxyl-reduced derivative.

Periodate oxidation studies on the oligosaccharide mixture and on purified tetrasaccharide gave inconclusive results with extensive overoxidation occurring under a variety of conditions. In experiments with the tetrasaccharide, the periodate product was reduced with borohydride, hydrolyzed, and the polyol products acetylated and characterized by gas chromatography. By this procedure, glycerol, a „tetritol“, **D**-arabitol and myo-inositol were shown to be present. The N-acetyltetrasaccharide also consumed excess periodate but at a much slower rate and only glycerol and arabitol were detected by paper chromatography. As with the tetrasaccharide, no sharp break in the oxidation curve was noted.

In order to avoid complications resulting from the presence of the carboxyl group of the glucuronic acid, periodate studies were extended to the carboxyl-reduced tetrasaccharide in which the glucuronic acid moiety is reduced to a glucosyl group. This substance rapidly reduced six moles of periodate, the reaction stopping at this point with no significant overoxidation. The periodate product was reduced with sodium borohydride followed by acid hydrolysis. The resulting polyol products were identified both by paper chromatography and by gas chromatography as glycerol (2 moles), erythritol (1 mole) and **D**-arabitol (1 mole). The latter

6   H. E. CARTER:

two products (as the acetyl derivative) were isolated, crystallized
and further identified by melting point and optical rotation.

Since a pentose or hexose in glycosidic linkage cannot give rise
to a pentitol in the periodate oxidation-borohydride reduction
reaction, D-arabitol must have come from myo-inositol and this
requires that L-myo-inositol be substituted on positions 2 and 6
as shown.

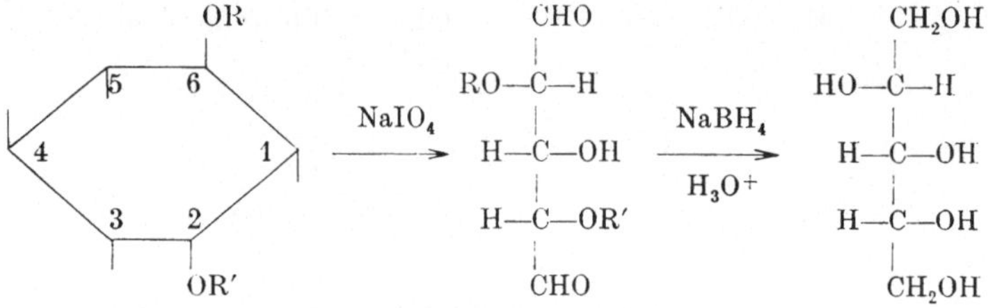

$$
\begin{array}{ccc}
\text{[ring structure: OR at C6, OR' at C2, positions 1–6]} & \xrightarrow{\text{NaIO}_4} &
\begin{array}{c}
\text{CHO} \\
\text{RO—C—H} \\
\text{H—C—OH} \\
\text{H—C—OR}' \\
\text{CHO}
\end{array}
\xrightarrow[\text{H}_3\text{O}^+]{\text{NaBH}_4}
\begin{array}{c}
\text{CH}_2\text{OH} \\
\text{HO—C—H} \\
\text{H—C—OH} \\
\text{H—C—OH} \\
\text{CH}_2\text{OH}
\end{array}
\end{array}
$$

Since myo-inositol in the related trisaccharide, glucosaminido-
glucuronido-inositol is mono-substituted, it then follows that
D-mannose is attached to the myo-inositol ring to give N-acetyl-
glucosamine-glucose-myo-inositol-mannoside as a partial structure
for the N-acetyl, carboxyl-reduced tetrasaccharide. The two moles
of glycerol presumably came from carbon atoms 4, 5 and 6 of the
mannose and N-acetyl glucosamine moieties. Finally, isolation of
erythritol can only be explained if the N-acetyl glucosamine to
glucose bond is $1 \rightarrow 4$. This latter point was verified by methylation
of N-acetyl, carboxyl-reduced trisaccharide followed by acid hydrolysis. After removal of amino sugar, a methylated glucose was
obtained whose paper chromatographic mobility was identical with
that of 2,3,6-tri-0-methyl-D-glucose.

The point of attachment of glucuronic acid to myo-inositol was
established by PMR spectra studies. Glucuronido-myo-inositol prepared by treatment of the trisaccharide with nitrite was reduced to
glucosyl-myo-inositol. The nona-acetyl derivative gave appropriate
PMR signals for a 6-glucosyl-2-acetoxy derivative.

The α-configuration of the three anomeric carbons is indicated
by the high positive specific rotation of glucosyl-myo-inositol ($+96°$),
trisaccharide and its derivatives ($+120°$ to $+144°$) and tetrasaccharide and its derivatives ($+107°$ to $+143°$). Also the time
of one-half hydrolysis for N-acetyl trisaccharide (33 minutes) is in
excellent agreement with the value of 36 minutes found for methyl

2-acetamido-2-deoxy-α-**D**-glucopyranoside, indicating an α-linkage between glucosamine and glucuronic acid.

Thus the following structure is established for the tetrasaccharide.

6-0-[4-0-(2-amino-2-deoxy-**D**-glucosyl)-**D**-glucuronosyl]-2-0-**D**-mannosyl-**L**-myo-inositol

It is interesting that LEE and BALLOU[6] have established a similar 2,6-disubstituted myo-inositol structure for the polymannosyl inositol lipids from tubercle bacilli.

The structure of the parent phytoglycolipids has now been tentatively established by studies of the periodate oxidation of the intact lipid. From the reaction mixture **D**-arabitol has been obtained by borohydride reduction and subsequent acid hydrolysis. This result requires that the ceramide phosphate moiety be attached to the 1-position of the myo-inositol. This structure is consistent with the remarkable resistance to alkaline hydrolysis since it possesses no hydroxyl group adjacent to the phosphate diester group.

Thus the following structure can be written for the tetrasaccharide phytoglycolipid.
In the higher analogs galactose, arabinose and fucose are linked in some way to the glucosamine portion of the tetrasaccharide.

Recently a renewed study of the fractionation of the inositol lipid mixtures has been undertaken. These studies are as yet incomplete but have provided simple methods for exchanging the calcium, magnesium counter-ions of the original lipids for sodium, potassium, copper, etc. In the sodium form PGL and phosphatidyl inositol can be separated by countercurrent distribution. It seems possible that previous difficulties resulted from the binding of phosphatidyl inositol to PGL as a mixed chelated salt.

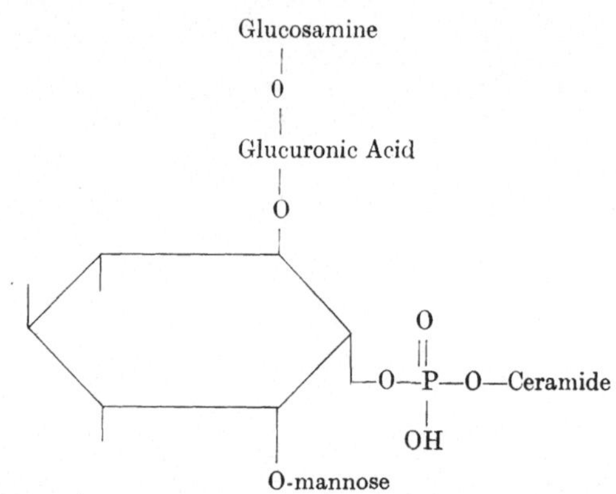

These studies have also revealed the presence of a novel glycolipid which on hydrolysis yields an inositol-polysaccharide containing approximately ten moles of galactose, three of mannose and two of arabinose. The structure of this compound is currently under study.

References

[1] Carter, H. E., W. D. Celmer, W. E. M. Lands, K. L. Mueller, and H. H. Tomizawa: J. biol. Chem. **206**, 613 (1954).
[2] —, and H. S. Hendrickson: Biochemistry **2**, 389 (1963).
[3] —, W. D. Celmer, D. S. Galanos, R. H. Gigg, W. E. M. Lands, J. H. Law, K. L. Mueller, T. Nakayama, H. H. Tomizawa, and E. Weber: J. Amer. Oil Chemists Soc. **35**, 335 (1958).
[4] —, R. H. Gigg, J. H. Law, T. Nakayama, and E. Weber: J. biol. Chem. **233**, 1309 (1958).
[5] Whistler, R. L., and D. J. Durso: J. Amer. chem. Soc. **72**, 677 (1950).
[6] Lee, Y. C., and C. E. Ballou: J. biol. Chem. **239**, 1316 (1964).

Neuere Kenntnisse über Glycerinphosphatide

Von H. Debuch

Physiologisch-Chemisches Institut der Universität Köln

Mit 6 Abbildungen

Heute, 100 Jahre nachdem Gobley[1] das Lecithin aus dem Eigelb entdeckt, benannt und Glycerinphosphorsäure als Bestandteil nachgewiesen hatte, Diakonow[2] Cholin als Baustein identifizierte, müssen wir bekennen, daß wir über seine eigentliche Bedeutung noch nichts aussagen können, obgleich es selbst oder eine ihm sehr nahe verwandte Verbindung in jedem lebenden Organismus anzutreffen ist. Diese erstaunliche und fast beschämende Tatsache ist erklärbar vor allem durch die chemischen und physikalischen Eigenschaften der Glycerinphosphatide. Erst das Auffinden geeigneter Trennmethoden und die Anwendung von Isotopen gestattete, neue Verbindungen nachzuweisen, zu isolieren und gewisse Hinweise über ihren Stoffwechsel und ihre möglichen Funktionen zu bekommen.

So können wir heute sagen, daß die Glycerinphosphatide eine größere, eine vielleicht sehr wichtige Gruppe von Lipoiden darstellt, die keineswegs in einem einzigen Referat, auch nur übersichtsweise, behandelt werden kann. Das wird einem bewußt, wenn man sich die heute bekannten — fast 20 — verschiedenen Typen von Glycerinphosphatiden als Träger von etwa 20 verschiedenen Fettsäuren vorstellt, die verzweigtkettigen Fettsäuren nicht eingerechnet.

Es sollen hier deshalb nur zwei Vertreter der großen Gruppen: der N-haltigen und der N-freien herausgegriffen werden. Eigentlich sollen sie vielmehr im Zusammenhang betrachtet werden, weil mir eine Zusammenschau sinnvoller, aufschlußreicher erscheint. Dabei möchte ich vor allem gewisse Prinzipien, z. B. struktureller Art hervorheben, womit aber keinesfalls der Eindruck entstehen soll, daß es sich immer um allgemein gültige Prinzipien der Glycerinphosphatide handelt.

I

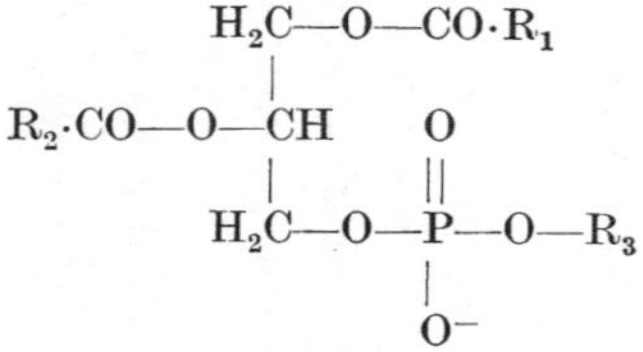

H_2C—O—CO·R_1
R_2·CO—O—CH   O
H_2C—O—P—O—R_3
                O^-

Colamin-Cephalin

II

H_2C—O—CH=CH·R_1
R_2·CO—O—CH   O
H_2C—O—P—O—R_3
                O^-

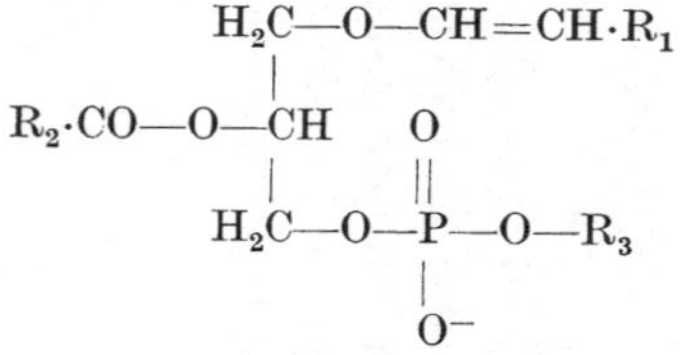

Colamin-Plasmologen

III

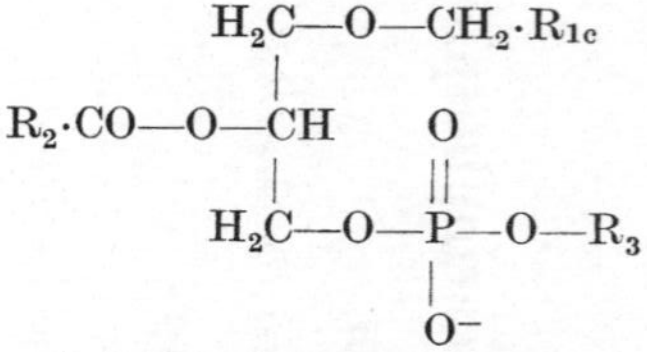

H_2C—O—CH_2·R_{1c}
R_2·CO—O—CH   O
H_2C—O—P—O—R_3
                O^-

Colamin-Ätherphosphatid

IV

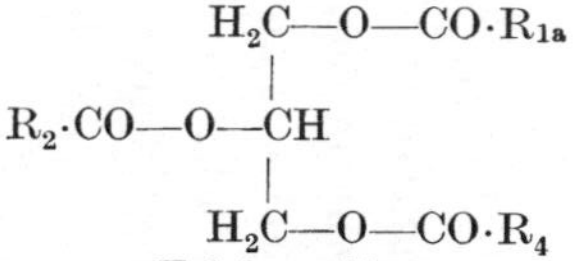

H_2C—O—CO·R_{1a}
R_2·CO—O—CH
H_2C—O—CO·R_4

Triglycerid

V

H_2C—O—CH=CH·R_{1b}
R_2·CO—O—CH
H_2C—O—CO·R_4

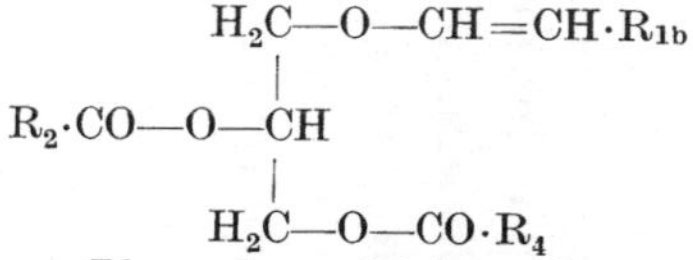

Plasmalogen-Diglycerid

VI

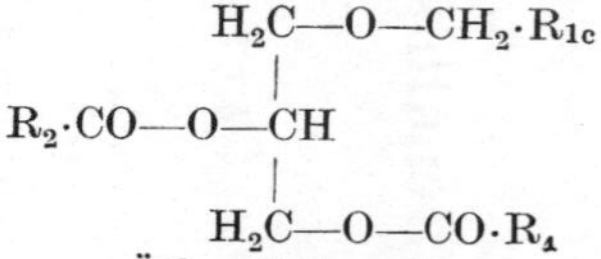

H_2C—O—CH_2·R_{1c}
R_2·CO—O—CH
H_2C—O—CO·R_4

Ätherdiglycerid

R_{1a}: Fettsäurerest, R_{1b}: Fettaldehydrest, R_{1c}: Fettalkoholrest
R_2: Fettsäurerest, R_3: Colaminrest, R_4: Fettsaurerest

Abb. 1. Verschiedene Typen colaminhaltiger Glycerinphosphatide und Glyceride

Die „klassischen" Phosphatide vom Typ des Lecithins oder Cephalins (Abb. 1, I) unterscheiden sich nicht nur durch ihren N-haltigen Baustein, sondern auch durch die in ihnen enthaltenen Fettsäuren.

Untersucht man ihre jeweiligen Fettsäuregemische — derartige Untersuchungen wurden bei einer Reihe von Phosphatiden[3-8] unternommen — so findet man gelegentlich, daß etwa 50% der Fettsäuren als gesättigte, etwa 50% als ungesättigte vorliegen. In solchen Fällen[8,9] befindet sich dann die gesättigte Fettsäure in α'-Stellung des Glycerins. Bei einem größeren Anteil an ungesättigten Fettsäuren wird diese Stelle auch von der Ölsäure eingenommen. Das Lecithin enthält unter den gesättigten Fettsäuren vor allem die Palmitinsäure, das Colamincephalin die Stearinsäure als Hauptkomponente. Die in β-Stellung befindlichen Fettsäuren weisen im Falle des Colamincephalins gewöhnlich einen höheren Grad von Ungesättigtheit auf.

Die Plasmalogene (Abb. 1, II) (ausführliche Darstellung siehe l. c.[10]) unterscheiden sich bekanntlich von den Lecithinen und Cephalinen durch die Anwesenheit eines Aldehydes an Stelle einer Fettsäure. In allen daraufhin untersuchten Plasmalogenen befindet sich dieser Aldehyd in enol-ätherartiger Bindung am α'-C-Atom des Glycerins. Die N-haltigen Plasmalogene weisen wie die „klassischen" Glycerinphosphatide Cholin, Colamin und Serin als Bausteine auf.

Wenn man nun die Kohlenstoffketten in α'- und β-Stellung bei den Plasmalogenen betrachtet, so findet man sie analog denjenigen bei den „Di-Ester"-Phosphatiden. Bis auf ganz wenige später noch zu besprechende Ausnahmen werden C_{16}- und C_{18}-gesättigte sowie C_{18}-Monoenaldehyde aufgefunden. Auch bei diesen Glycerinphosphatiden scheinen die C_{16}-Aldehyde vorwiegend in den cholinhaltigen Verbindungen, die C_{18}-Aldehyde in den Colaminderivaten vorzukommen (siehe Tab. 1).

Wie die unteren Zeilen der Tabelle 1 zeigen, ist die Aldehydzusammensetzung sicher auch altersabhängig, z. B. bei 15 Tage alten Ratten ist das Verhältnis von Palmital:Stearal etwa 1:1. Im Laufe eines Zeitraumes von fast 3 Monaten nimmt vor allem der Gehalt an C_{18}-Monoenaldehyd auf Kosten des Palmitals um etwa das Sechsfache des Ausgangswertes zu[44]. — Während ungradzahlige und verzweigte Ketten bei den Fettsäuren der

Glycerinphosphatide nur in sehr kleinen Mengen aufgefunden werden, berichteten Gray und Macfarlane[5] bei der Untersuchung verschiedener Organe von Kalt- und Warmblütern über das Auftreten von ungradzahligen normalen und verzweigtkettigen Aldehyden mit vorwiegend 15 und 17 C-Atomen, die z. B. in Leber und Milz des Ochsen über 60% der Gesamtaldehyde[12] ausmachen. Man könnte an eine „Organspezifität" denken, aber z. B. die Milz des

Tabelle 1. *Aldehyde entsprechender Plasmalogene*

	Cholinplasmalogen		Colaminplasmalogen		Lit.
	C_{16}	C_{18}	C_{16}	C_{18}	
Schwein					
Milz	67	19	41	52	5
Niere	82	5	50	16	5
Gehirn*	—	—	23	76	11
Taube					
Muskel	82	15	43	46	5
Rind					
Herz	59	24	—	—	18
Ratte 15 Tage alt					
Gehirn*	—	—	43	55	44
Ratte 90 Tage alt					
Gehirn*	—	—	18	82	44

* Gesamtaldehyde des Gehirns. Da dort nur sehr geringe Mengen von Cholinplasmalogenen anzutreffen sind, können die Zahlen ohne großen Fehler für die Colaminplasmalogene eingesetzt werden.

Schweines weist nur etwa 6% derartiger Aldehyde auf. Man könnte auch an die besonderen Verhältnisse des Wiederkäuerorganismus denken, aber in dessen Fettsäuregemisch der entsprechenden Glycerinphosphatide werden nur bis zu 2% verzweigte Komponenten gefunden. — Auch Faquhar[13, 14] berichtet über 19 Aldehydkomponenten in menschlichen Erythrocyten, die bis zu 18% ungradzahlige oder verzweigte Ketten enthalten. Wir[14] untersuchten einige drüsige Organe und Muskelgewebe vom Menschen und fanden (Tab. 2) nur 2 bis 10% noch unbekannte Komponenten. Aus den Retentionszeiten und der Analyse der Hydrierungsprodukte kann auf das Vorhandensein von kleinen Mengen eines C_{18}-Dienaldehydes, der bereits in Erythrocyten[13] und Milz[5] gefunden wurde sowie, eines C_{20}-gesättigten und eines C_{20}-Monoenaldehydes in Nebennieren, Hoden und Ovarien geschlossen werden. Die Aldehyde der Plasmalogene lassen sich nach saurer Hydrolyse in Form der Dimethylacetale[16] als Unverseifbares quantitativ gewinnen und gaschromatographisch[17] analysieren. —

Schwieriger ist die Untersuchung der in β-Stellung befindlichen Fettsäuren. Da die Plasmalogene in ihren physikalischen Eigen-

Tabelle 2. *Zusammensetzung der Aldehydgemische aus den Plasmalogenen einiger Organe des Menschen[15] (in % der Gesamtaldehyde)*

	C_{16} ges	C_{18}			x★
		ges.	Monoen	Dien	
Muskulatur					
Skelet	56,9	21,7	19,4	—	2,1
Herz	53,1	24,2	18,2	—	4,6
Uterus	39,9	33,0	19,7	—	7,5
Nebennieren	38,2	38,7	14,8	—	8,4
Hoden............	35,5	26,8	27,3	0,7	9,8
Ovarien	32,4	36,6	21,4	0,7	8,8
Hypophysen.......	35,1	40,2	18,7	—	6,1

★ Noch nicht sicher identifizierte Verbindungen.

schaften den sie stets begleitenden „Esterphosphatiden" außerordentlich ähnlich sind, lassen sie sich mit Hilfe chromatographischer Methoden nicht von jenen abtrennen. GOTTFRIED und RAPPORT[18] ist es jedoch durch Anwendung eines bestimmten Schlangengiftes (Cortalus atrox) gelungen, aus der Lecithinfraktion von Rinderherz reines Cholinplasmalogen zu gewinnen. Die Phospholipasen A hydrolysieren z. B. Lecithin schneller als Cholinplasmalogen. Nach milder Alkalibehandlung (0.35 n NaOH in 96%igem Methanol 45 min bei 20°C) isolierte RENKONEN[19] fast reine Plasmalogene. In allen anderen Fällen wurde das nach saurer Hydrolyse entstandene Lysophosphatid nach Abtrennung von dem entsprechenden Esterphosphatid auf seine Fettsäurekomponenten hin untersucht. 93 bis 100% dieser Fettsäuren waren ungesättigt[6, 7, 4, 18].

Bezüglich der Kohlenstoffketten und ihrer Anordnung besteht demnach eine große Ähnlichkeit zwischen den Glycerinphosphatiden vom Di-Ester- und Plasmalogentyp.

Fragen wir uns nun nach der Bedeutung letzterer, so bleiben uns z. Zt. noch sehr unsichere Antworten. Zunächst muß betont werden, daß Plasmalogene bisher praktisch nur im Tierreich aufgefunden wurden. — Die wenigen Berichte über ihr Vorkommen in Pflanzen oder pflanzlichen Produkten bedürfen der Bestätigung[20].

Beginnend bei den Coelenterata über die Plathelminthes, Mollusca, Annelida und Arthropoda bis zu den Chordata wurden Plasmalogene — besonders Colamin-Plasmalogene — in den Lipoidextrakten nachgewiesen[21]. Ja, es läßt sich die Grenze zwischen autotrophen und heterotrophen Flagellaten geradezu nach dem

Tabelle 3. *Zusammensetzung des Fettsäuregemisches von Cholin*- und Colamin**-Plasmalogenen*

	ges. F. S.		unges. F. S.			
	C_{16}	C_{18}	C_{16}	C_{18}	C_{20}	C_{22}
Rind-Herz*[7]	3,5	0,8	6,4	72,1	17,2	—
Rind-Herz*[4]	3,5		—	84,0	12,5	—
Mensch-Gehirn**[6] . .	—	—	—	53,0	24,5	22,5
Rind-Herz**[4]	7,0*		—	60,1	32,9	—

* Jodzahl 55

Vorhandensein von Plasmalogenen bestimmen[22]. Wirbellose Seetiere besitzen im Kiemengewebe einen ebenso hohen Plasmalgehalt wie das Gehirn der Säugetiere, berechnet auf das Trockengewicht, und einen wesentlich höheren als jenes, berechnet auf die Gesamtlipoide[23, 21]. In fast allen tierischen Organismen und Geweben, in denen danach gesucht wurde, konnten Plasmalogene — allerdings in sehr wechselnden Mengen — gefunden werden. Es läßt sich bis heute noch kein Zusammenhang zwischen der Funktion oder anderen Eigenschaften eines Organs und seinem Plasmalgehalt erkennen. Sicher ist dieser nicht abhängig vom Gesamtlipoid- oder Glycerinphosphatidgehalt, wie dies am Beispiel von Herzmuskel und Leber (Tab. 4) zu ersehen ist. Bei einer vergleichenden Untersuchung über den Phosphatid- und Plasmalogengehalt des Herzmuskels bei verschiedenen Säugetieren fanden Thiele u. Mitarb.[32], daß dieser mit der Zunahme der Körperoberfläche stark zunimmt. Bei Training sinkt der Plasmalogenanteil des Gesamtphosphatids im Skeletmuskel ab.

Tabelle 4. *Plasmalogengehalt verschiedener Organe einiger Säugetiere und des Menschen (in µMol/g Frischgew.).*

	Schwein	Rind	Ratte	Kaninchen	Mensch
Gehirn, gesamt			11—15 (29, 30, 33)**	15,2 (30)**	
weiße Subst.		18,2			25—35
graue Subst......		6,5 (26)			6—10 (27, 30, 31)
Herzmuskel [22,8]*	4,5 (25)	6,7—7,8 (26, 3, 32)	2,5—3,2 (28, 29, 30, 32, 33)	6,9—7,1 (30, 32)	6,9 (15)
Skeletmuskel		3,7 (26)	1,3—1,7 (28, 29, 30, 32, 33)	1,5—1,7 (30, 32)	2,9—3,2 (15, 30)
Uterusmuskel......					1,8—2,0 (15, 30)
Lunge			3,0—4,0 (29, 30, 33)	3,3 (30)	
Leber [36, 3]*	0,2—0,3 (25, 26)		0,7—1,2 (28, 29, 30, 31, 33)	0,7 (30)	
Niere	1,8 (25)		2,5—3,5 (28, 29, 30, 33)	3,3 (30)	
Milz	0,9 (26)	0,04 (25)	2,0—3,3 (29, 30)	3,0 (30)	3,2 (30)
Magen			2,2 (30)	2,6 (30)	2,0 (30)
Darm..........	0,4 (25)				1,6 (30)
Nebennieren		4,2—5,5 (25, 33)	4,3 (28)		3,5 (15)
Pankreas..........	0,7—1,5 (25, 26)				
Ovar	0,6 (25)				1,6—2,4 (15, 30)

* Die Zahlen in [] geben den Gesamtphosphatidgehalt (Ratte) in µMol/g Frischgewicht an[30].

** Die Zahlen in () geben die entsprechenden Literaturstellen an.

Die Konzentrationsangaben wurden hier, soweit notwendig, auf µMol/g Frischgewicht umgerechnet. Dabei wurden folgende mittlere Mol.-Gew. berücksichtigt: Plasmalgemisch: Mol.-Gew. 254,4; Dimethylacetalgemisch: Mol.-Gew. 300; früher „Acetalphosphatid" Mol.-Gew. 451; Plasmalogene: Mol.-Gew.: 750.

Hier sollte auch folgende Beobachtung erwähnt werden: Bei der Passage der Spermatozoen via Testes-Epidydimis steigt der Plasmalogengehalt um 150% (Ratte[34]). Die Energie für die Beweglichkeit der Spermien wird durch den anaeroben Abbau der in der Samenflüssigkeit enthaltenen Fructose geliefert[35]. Im fructosefreien Medium bleibt bei Anwesenheit von Sauerstoff die Motilität erhalten. Dabei werden (nach Hartree und Mann[36]) Fettsäuren verbrannt, der Plasmalogengehalt sinkt ab[37].

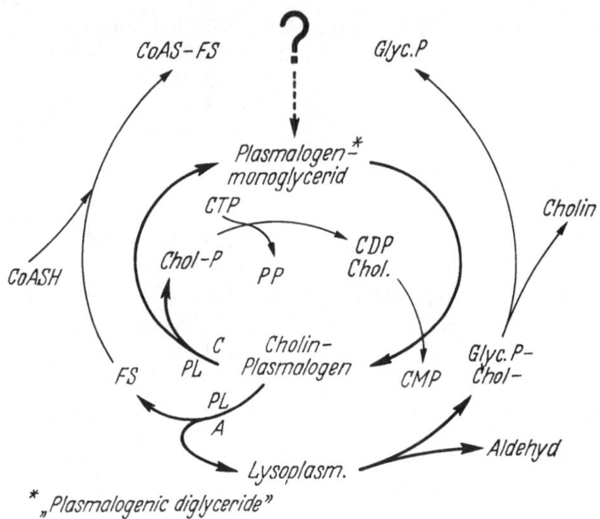

Abb. 2. Stoffwechsel des Cholinplasmalogens

Diese Beispiele deuten darauf hin, daß zwischen O_2-Verbrauch und Plasmalogenen möglicherweise ein Zusammenhang besteht.

Bisher sind drei Fermente bekannt, die Plasmalogene hydrolytisch zu spalten vermögen (Abb. 2). Durch Einwirkung der Phospholipase A, die — wie auch bei den Diesterglycerinphosphatiden — die Esterbindung am β-C-Atom des Glycerins spaltet[8], entsteht ein Lysoplasmalogen[33].

Warner und Lands[39] isolierten aus Lebermikrosomen ein Enzym, das die Enolätherbindung des Lysoplasmalogens löst. Native Plasmalogene werden jedoch nicht angegriffen, woraus geschlossen werden könnte, daß beim Abbau stets zuerst die Phospholipase A die Plasmalogene hydrolysieren müßte. Schließlich entsteht durch Wirkung der Phospholipase C (aus Clostridium perfringens) neben einem Plasmalogen-Monoglycerid, dem „Plasmalogenic Diglyceride", Cholinphosphat[40].

Bis jetzt scheint das letztgenannte Ferment in Säugetierorganen nicht nachgewiesen zu sein. Bei seiner Anwesenheit, z. B. in der Leber, müßte dieses Plasmalogen-Monoglycerid ein normales Zwischenprodukt sein. Durch Anlagerung von CDP*-Cholin könnte Cholinplasmalogen zurückgebildet werden. Diese Reaktion wurde in der Rattenleber[10] und im Gehirn[41] beobachtet. Ob sie für die Biosynthese der Plasmalogene in vivo von Bedeutung ist, oder ob sie nur einen Hinweis auf eine mangelnde Spezifität der Cholinphosphat-Transferase gibt, ist zur Zeit noch nicht zu klären.

Das Fragezeichen in Abb. 2 soll andeuten, daß die Bildung der Enolätherbindung keineswegs bekannt ist. Bei Versuchen mit C^{14}-Palmitinsäure bzw. tritiummarkierter Stearinsäure oder Stearinalkohol an Herz-Lungenpräparaten vom Hund[42] nahmen die Plasmalogene der Herzmuskulatur das Isotop aus dem Stearinalkohol am stärksten auf, so daß die Alkohole als mögliche Vorstufen der Aldehyde diskutiert wurden.

Dagegen fanden KOREY und ORCHEN[43] bei jungen Ratten nach intraperitonealer Injektion von C^{14}-Acetat, C^{14}-Palmitat oder C^{14}-Stearat eine hohe Aktivität in den Aldehyden der Gehirnplasmalogene, die diejenige der Fettsäuren noch übertraf. Unsere Versuche[44] an jungen Ratten zur Zeit der Myelinisierung ergaben nach intracerebraler Injektion von C^{14}-Acetat 24 Std bzw. 3 Tage später geringere Aktivitäten in den aus den Plasmalogenen isolierten Dimethylacetalen, verglichen mit den Fettsäuren der Glycerinphosphatide (Abb. 3). Bereits 7 Tage später, deutlicher $2^1/_2$ Monate nach der Injektion waren die Aktivitäten der Fettsäuren weit geringer als diejenigen der Aldehyde. Wir nehmen deshalb an, daß die Kohlenstoffketten der Aldehyde langsamer auf- und abgebaut werden als die der Fettsäuren. Demnach dürften auch die Aldehyde nicht die Vorstufen der Fettsäuren sein bzw. die Plasmalogene nicht die der Diesterphosphatide.

BRADY und KOVAL[45] wiesen in zellfreien Enzympräparaten aus Gehirn die Reduktion des Palmityl-CoA** durch NADH*** nach Jedoch konnten CARR u. Mitarb.[46] keinen Einbau von 1 C^{14}-Palmital

---

* CDP: Cytidindiphosphat
** CoA: Co-Enzym A
*** NADH: reduziertes Nikotinamidadenindinucleotid

in die Plasmalogene des Rattenhirnhomogenats nachweisen, während nach Verwendung von 1 C^{14}-Palmitinsäure die Aldehyde markiert waren.

Bevor man an dieser Stelle nun die Diskussion eröffnen möchte, soll erwähnt werden, daß es kürzlich gelungen ist, phosphorfreie Plasmalogene (Abb. 1, V) in Kalt-[48] und Warmblütern[47],[49] nach-

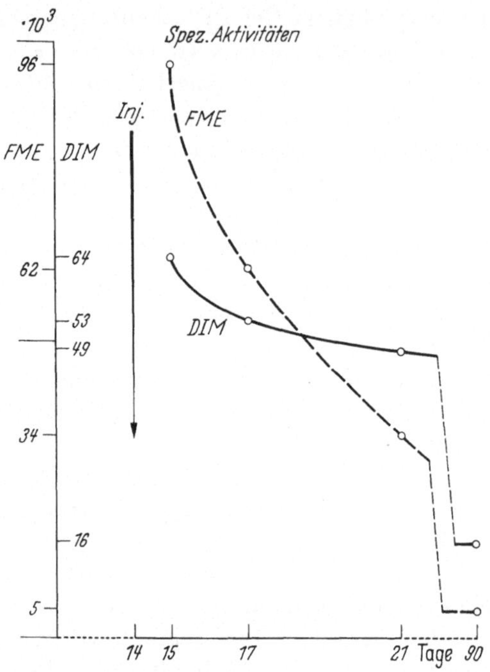

Abb. 3. Spez. Aktivitäten von Fettsäuremethylestern (*FME*) und Dimethylacetalen (*DIM*) aus Rattengehirnen nach intracerebraler Applikation von 1-C^{14}-Acetat

zuweisen, nachdem Ätherdiglyceride (Abb. 1, VI) besonders in Fischlebern und Knochenmark von Säugetieren lange bekannt sind und auch beim Menschen außerdem in der Milz und in der Milch nachgewiesen wurden[50].

Schließlich muß hier noch eine weitere Gruppe von Glycerinphosphatiden erwähnt werden, die Ätherphosphatide (Abb. 1, III), deren colaminhaltiger Vertreter als erstes Lipoid dieser Art aus Hühnereiern von Carter[51] aufgefunden wurde. Inzwischen wurden sie — wenn auch gewöhnlich in kleinen Mengen — im Gehirn

(vom Mensch, Rind[52] und Ratte[53]) und anderen Organen, Körper-
flüssigkeiten oder Zellen nachgewiesen (l. c.[54]). Wenn auch die
Kohlenstoffketten der Alkohole dieser Gruppe von Phosphatiden
bisher anscheinend nicht untersucht wurden in bezug auf ihre
Kettenlänge, so kann wohl angenommen werden, daß es sich ebenfalls um C_{16}- und C_{18}-gesättigte und C_{18}-Monoene handelt, da diese
auch in den analogen P-freien Verbindungen vorwiegend vorhanden
sind. Es scheinen demnach sowohl bei den Phosphatiden als auch
bei den Glyceriden Fettsäuren, Aldehyde und Alkohole in α-Stel-
lung vorzukommen, und nichts liegt näher als anzunehmen, daß
diese in jene Form übergeführt werden kann. Jedenfalls ist man
geneigt, nach Beziehungen zwischen den einzelnen Vertretern zu
suchen. Dazu paßt folgender Befund, auf den ich hinweisen möchte:
In menschlichen Erythrocyten sind etwa 20% der Gesamtglycerinphosphatide als Plasmalogene vorhanden[13], während in Rinder-
erythrocyten 10 bis 15% der Gesamtglycerinphosphatide als Ätherphosphatide aufgefunden wurden[55, 56]. (In einer Schneckenart sind
25% enthalten[57].)

Wenn man die Plasmalogene nach unserer heutigen Kenntnis
nun als spezifisch tierische Glycerinphosphatide bezeichnen darf,
so ist man geneigt — ein stickstofffreies Phosphatid, das Diglycerinphosphatid (das sog. „phosphatidylglycerol") — als vorwiegend
pflanzlichen Baustein anzusehen (Abb. 4, VIII). Vielleicht trifft jedoch diese Einschränkung nicht zu. Denn nachdem dieses Phosphatid
erstmals von BENSON und MARUO[58] in Algen und höheren Pflanzen
aufgefunden wurde, konnte es vor etwa 5 Jahren auch in tierischen
Zellfraktionen[59] (sowie in Rinderserum und Spermatozoen[60]) nachgewiesen werden. Hier fand BENSON nach alkalischer Hydrolyse
eines Phosphatidgemisches aus Leber allerdings nur „Spuren".
1964 beschrieb GRAY[31] die Isolierung des Diglycerinphosphatides
aus Rattenlebermitochondrien, wo es nur 0,4% der Gesamtglycerinphosphatide ausmachte. Dagegen ist es in pflanzlichen Geweben
und dort vor allem in den photosynthetisierenden Zellelementen,
den Chloroplasten, reichlich vertreten[62]. Es handelt sich um ein
Di-Esterglycerinphosphatid, bei dem an Stelle des N-haltigen Bau-
steins der oben besprochenen Phosphatide (Abb. 4, VII bis IX)
Glycerin esterartig an der Phosphorsäure gebunden ist.

Man könnte hier fragen, wieso ein so weit verbreitetes Lipoid so
lange unbekannt bleiben konnte. Aber die Isolierung der N-freien

2*

VII

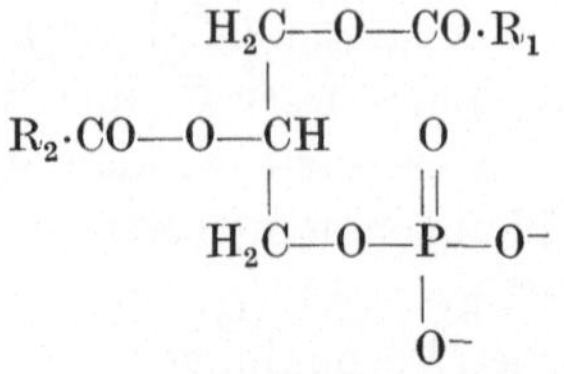

$$\begin{array}{c} H_2C\!-\!O\!-\!CO\cdot R_1 \\ | \\ R_2\cdot CO\!-\!O\!-\!CH \qquad O \\ | \qquad\quad \| \\ H_2C\!-\!O\!-\!P\!-\!O^- \\ | \\ O^- \end{array}$$

Diglyceridphosphat
(Phosphatidsäure)

VIII

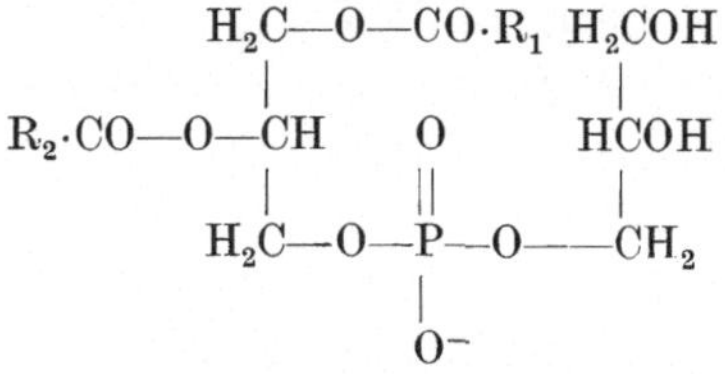

$$\begin{array}{c} H_2C\!-\!O\!-\!CO\cdot R_1 \quad H_2COH \\ | \qquad\qquad\qquad | \\ R_2\cdot CO\!-\!O\!-\!CH \qquad O \qquad HCOH \\ | \qquad\quad \| \qquad\quad | \\ H_2C\!-\!O\!-\!P\!-\!O\!-\!-\!CH_2 \\ | \\ O^- \end{array}$$

Diglycerinphosphatid
(Glycerinester der Diglyceridphosphorsäure)

IX

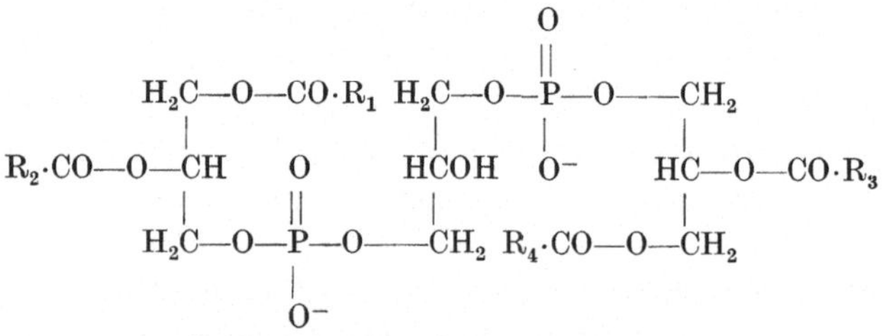

$$\begin{array}{c} \qquad\qquad\qquad\qquad O \\ \qquad\qquad\qquad\qquad \| \\ H_2C\!-\!O\!-\!CO\cdot R_1 \quad H_2C\!-\!O\!-\!P\!-\!O\!-\!-\!CH_2 \\ | \qquad\qquad\qquad | \qquad | \qquad\qquad | \\ R_2\cdot CO\!-\!O\!-\!CH \quad O \quad HCOH \quad O^- \quad HC\!-\!O\!-\!CO\cdot R_3 \\ | \qquad\quad \| \qquad | \qquad\qquad\qquad | \\ H_2C\!-\!O\!-\!P\!-\!O\!-\!-\!CH_2 \quad R_4\cdot CO\!-\!O\!-\!CH_2 \\ | \\ O^- \end{array}$$

Cardiolipin (Polyglycerinphosphatid)

Abb. 4. Verwandte N-freie Glycerinphosphatide

Glycerinphosphatide, die in den meisten tierischen Organen nur in kleinen Mengen vorhanden sind, bereitet gewöhnlich noch größere Schwierigkeiten als die der sog. „klassischen" Phosphatide. Gerade bei dem Diglycerinphosphatid ist die Labilität gegen Säuren besonders groß. So wurde zunächst sein Deacylierungsprodukt — allerdings nach alkalischer Hydrolyse — als GPG* aufgefunden[58], daraus auf die Existenz dieses „sauren" Phosphatides geschlossen, woraufhin dann seine Isolierung durch Papierchromatographie

---

* GPG: Glycerinester der Glycerinphosphorsäure

gelang. Inzwischen beschrieben HAVERKATE und VAN DEENEN[63] (Abb. 5) die Produkte nach enzymatischer Spaltung, wodurch sich die Struktur bestätigte.

Wird das Diglycerinphosphatid mit Phospholipase C behandelt, so erhält man als Spaltprodukte ein α-β-Diglycerid und D-α-Gly-

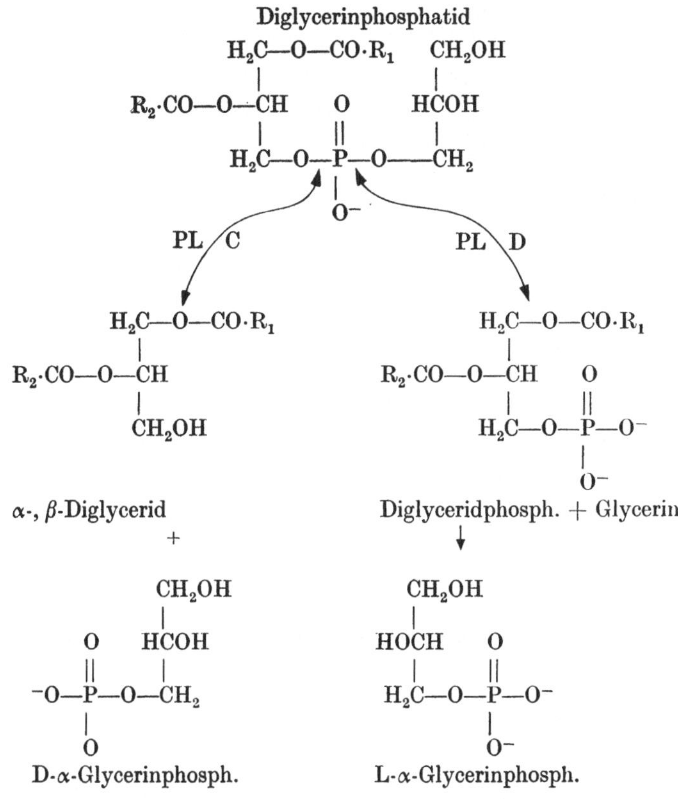

Abb. 5. Enzymatische Spaltprodukte des Diglycerinphosphatides

cerinphosphorsäure. Erfolgt die Hydrolyse dagegen mit Phospholipase D, so wird Diglyceridphosphorsäure vom Glycerin abgespalten. Nach alkalischer Hydrolyse der Phosphatidsäure konnte nun die erwartete L-α-Glycerinphosphorsäure isoliert werden.

Bemerkenswert scheint der Befund zu sein, der sich bei dem präparativ isolierten Material erheben ließ in bezug auf die in ihm enthaltenen Fettsäuren. Wir[64] versuchten, die verschiedenen in grünen Blättern enthaltenen Glycerinphosphatide zu isolieren und ihre Fettsäurekomponenten zu bestimmen, da von Klenk und Knipprath[65] aus Algen und kurz darauf von uns[66] aus grünen Blättern von Spinat und anderen Pflanzen eine C_{16}-Monoensäure isoliert worden war, die eine Trans-Doppelbindung in Stellung 3 besitzt. Es interessierte uns deshalb zu erfahren, in welcher Verbindung diese bis dahin unbekannte und seltsame Fettsäure anzutreffen sei. Die von uns isolierten Glycerinphosphatide zeigten nun, daß die Δ^3-Hexadecensäure sich praktisch ausschließlich im Diglycerinphosphatid befindet und zwar in Mengen bis nahezu 50%[64] (ähnliche Befunde wurden inzwischen auch von anderen Laboratorien mitgeteilt[67, 68].). Das schließt natürlich nicht aus, daß diese Fettsäure bei weiterer Untersuchung sich auch noch als Baustein anderer Lipoide erweisen kann. Aussagen über die Bedeutung der C_{13}-Säure lassen sich zur Zeit leider nicht machen.

Bei Untersuchungen über die Biosynthese (Abb. 6) des Diglycerinphosphatids fanden Kennedy u. Mitarb.[69], daß in zellfreien Extrakten von Hühner- (und Ratten-) Lebern ein Enzymsystem vorhanden ist, das CDP*-Diglycerid in Anwesenheit von Glycerinphosphat zunächst in das Diglycerinphosphatidphosphat und dieses unter Abspaltung des Phosphatrestes in das Diglycerinphosphatid verwandelt.

Es liegt natürlich auf der Hand, eine enge Beziehung zwischen dem Diglycerinphosphatid und der Diglyceridphosphorsäure (Abb. 4, VII) bzw. dem Kardiolipin (Abb. 4, IX) anzunehmen, das aus dem Glycerindiester zweier Diglyceridphosphorsäuren besteht[70], das ich hier aus Zeitmangel nur erwähnen möchte. In tierischen Organismen finden wir es vor allem in den Mitochondrien[71], wo es besondere Stoffwechselaktivität besitzt. Werden die sog. ,,Elektronen transportierenden Partikel'' mit wäßrigem Aceton von den Lipoiden befreit, so verlieren sie ihre Enzymaktivität. Zugesetzte Glycerinphosphatide reaktivieren sie wieder; dabei scheinen sich die einzelnen Vertreter dieser Klasse von Lipoiden in der Wirkung nicht besonders zu unterscheiden. Weitaus die stärkste Wirkung besitzt allerdings das Kardiolipin[72]. Auch in Pflanzen wurde das Kardiolipin gefunden[73].

---

* CDP: Cytidindiphosphat

Die Beziehung zwischen dem Diglycerinphosphatid und Kardiolipin sind in bezug auf die vorkommenden Fettsäuren allerdings nicht so ohne weiteres zu ersehen, wie die Untersuchung der beiden aus Rattenlebermitochondrien isolierten Phosphatide ergab[61]. Wäh-

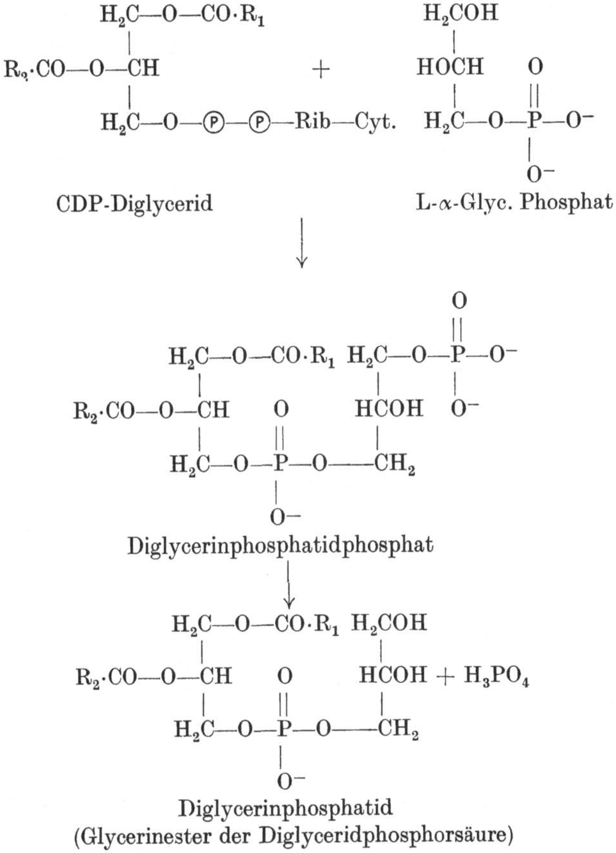

$$
\begin{array}{ccc}
H_2C\!-\!O\!-\!CO\cdot R_1 & & H_2COH \\
| & & | \\
R_2\cdot CO\!-\!O\!-\!CH & + & HOCH \qquad O \\
| & & | \qquad\quad \| \\
H_2C\!-\!O\!-\!\textcircled{P}\!-\!\textcircled{P}\!-\!Rib\!-\!Cyt. & & H_2C\!-\!O\!-\!P\!-\!O^- \\
& & | \\
& & O^-
\end{array}
$$

CDP-Diglycerid $\qquad\qquad$ L-α-Glyc. Phosphat

$$
\begin{array}{cccc}
& & & O \\
& & & \| \\
H_2C\!-\!O\!-\!CO\cdot R_1 & & H_2C\!-\!O\!-\!P\!-\!O^- \\
| & & | & | \\
R_2\cdot CO\!-\!O\!-\!CH & O & HCOH & O^- \\
| & \| & | \\
H_2C\!-\!O\!-\!P\!-\!O\!-\!-\!CH_2 \\
| \\
O^-
\end{array}
$$

Diglycerinphosphatidphosphat

$$
\begin{array}{ccc}
H_2C\!-\!O\!-\!CO\cdot R_1 & & H_2COH \\
| & & | \\
R_2\cdot CO\!-\!O\!-\!CH & O & HCOH + H_3PO_4 \\
| & \| & | \\
H_2C\!-\!O\!-\!P\!-\!O\!-\!-\!CH_2 \\
| \\
O^-
\end{array}
$$

Diglycerinphosphatid
(Glycerinester der Diglyceridphosphorsäure)

Abb. 6. Biosynthese des Diglycerinphosphatides

rend das Diglycerinphosphatid neben einer Reihe anderer Komponenten 26% gesättigte Fettsäuren und 20% Linolsäure enthält, besteht das Fettsäuregemisch aus Kardiolipin zu fast 85% aus Linolsäure.

Schließlich sei noch auf einen weiteren sehr interessanten Befund hingewiesen. Seitdem das Kardiolipin in der Protoplastenmembran des Micrococcus lysodeicticus[74] und das Diglycerinphosphatid als Hauptbestandteil der Lipoide aus den gesamten Zellen[75] aufgefunden wurde, mehren sich die Mitteilungen über das Vorkommen gerade dieser sauren Glycerinphosphatide in Bakterien[76]. Aus Clostridium welchii isolierte Macfarlane[77] erstmals ein Diglycerinphosphatid, das in esterartiger Bindung an einer der freien Hydroxylgruppen des Glycerins eine Aminosäure, z. B. Alanin oder Lysin, trägt. Inzwischen wurden derartige „lipo-amino-acids" in mehreren, vor allem in gram-positiven Bakterien mit vornehmlich Ornithin[78, 79] und Lysin[76] aufgefunden. Kanfer und Kennedy[80] beobachteten bei Stoffwechseluntersuchungen mit P^{32} an E. coli, daß das Diglycerinphosphatid das Isotop am schnellsten einbaute, es aber auch sehr schnell wieder abgab, während das Colamincephalin erst später markiert wurde, aber seine Aktivität im Beobachtungszeitraum praktisch nicht verlor. Der Diglycerinphosphatidgehalt wird in der Wachstumsphase bei E. coli etwa auf das Dreifache der stationären Phase vermehrt. Kennedy nimmt deshalb an, daß das Diglycerinphosphatid möglicherweise ein Zwischenprodukt für ein noch unbekanntes Endprodukt darstellt. Aus dem Erwähnten könnte geschlossen werden, daß es bei der Biosynthese der Proteine beteiligt ist. Dagegen spricht allerdings, daß man bisher außerhalb der Bakterien keine Aminosäuren in Verbindung mit den hier besprochenen sauren Glycerinphosphatiden gefunden hat. Und dort, wo man sie fand, handelte es sich gewöhnlich um solche basischen Charakters, wie um das Lysin und Ornithin; außer Alanin wurde keine andere Aminosäure aufgefunden.

Zusammenfassung

In dieser Darstellung sollten zwei Vertretergruppen der Glycerinphosphatidklassen gegenübergestellt werden. 1. Die Plasmalogene als N-haltige typisch tierische Phosphatide, die zwischen den Di-Ester und Ätherphosphatiden eine Art Mittelklasse einnehmen. Aus vergleichenden Betrachtungen in bezug auf die Analogie in der Anordnung und der Art der Kohlenstoffketten innerhalb des Moleküls ist man geneigt anzunehmen, daß die eine Gruppe aus der anderen entstehen kann. — Innerhalb des Stoffwechsels der Plasmalogene ist die Bildung der Enol-ätherbindung bisher ungeklärt, es darf jedoch wohl angenommen werden, daß die Fettsäuren die Vorstufen der Aldehyde darstellen.

Die Gruppe der Diglycerinphosphatide — vor allem in pflanzlichen photosynthetisierenden Geweben aufgefunden — scheinen Zwischenprodukte zwischen Diglyceridphosphorsäuren und Polyglycerinphosphatiden zu sein, obgleich hierfür noch der Beweis aussteht. Sie sind vor allem in den Chloroplasten vorhanden und enthalten bis zu 50% der Gesamtfettsäuren an Δ^3-trans-Hexadecensäure. Eine ähnliche Funktion übernehmen im tierischen Organismus vielleicht die Polyglycerinphosphatide, das Kardiolipin, das vor allem in den Mitochondrien aufgefunden wird.

GREEN und FLEISCHER[81] stellten vor einiger Zeit ausführliche Betrachtungen über die Rolle der Lipoide im mitochondrialen Elektronentransport und der oxydativen Phosphorylierung an. Danach hat man sich als Kern ein Phosphatid vorzustellen, das von Strukturproteinen umgeben ist, durch hydrophobe Bindungen aneinander gebunden. Die hydrophilen, polaren Gruppen der Glycerinphosphatide begünstigen paradoxerweise die Wasserlöslichkeit der Proteine. Die hydrophoben Kohlenwasserstoffketten bilden dagegen ein Medium mit niedriger Dielektrizitätskonstanten, das für den koordinierten Ablauf der Atmungskettenreaktionen notwendig zu sein scheint. Damit wird zwar der sichere Boden des Experimentes verlassen und Ausblicke in noch Unerforschtes gewagt, aber sie sind sicher noch weit davon entfernt, die eigentlichen Funktionen der Glycerinphosphatide zu erfassen. Die Notwendigkeit der Anwesenheit der Phosphatide als Micellen in Membranen erklärt in keiner Weise ihre Vielfalt, z. B. im Hinblick auf ihren sauren oder neutralen Charakter, oder in bezug auf die Anordnung und Variabilität ihrer Fettsäuren, Aldehyde oder Alkohole.

Aber gerade unsere Unwissenheit stimuliert unsere Arbeit. — Allerdings muß man jene Überzeugung haben, die THUDICHUM[82,83]*, der Pionier in der Lipoidchemie des vergangenen Jahrhunderts, in folgendem ausdrückt:

„. . . Ich hoffe, daß einige Entdeckungen, die am Gehirn erfolgten, Licht auf andere Gebiete der biologischen Chemie werfen, die bis jetzt nur wenig verstanden werden. — Phosphatide sind der Mittelpunkt, das Leben und die chemische Seele allen Bioplasmas sowohl der Pflanzen als auch der Tiere. Ihre verschiedenen Funktionen sind das Ergebnis der Kollision von Radikalen sehr verschiedener Eigenschaften. Von einem teleologischen Standpunkt aus sind ihre

---

* Das Zitat ist in der Deutschen Ausgabe[83] nicht enthalten.

physikalischen Eigenschaften hervorragend ausgerichtet auf ihre Funktionen."

Literatur

[1] Gobley, M.: J. Pharm. Chim. (Paris) **9**, 1, 81, 161 (1846); **11**, 409 (1847); **12**, 1 (1847); **17**, 401 (1850).

[2] Diakonow, C.: Zentr. med. Wiss. **6**, 2, 97 (1868).

[3] Gray, G. M., and M. G. Macfarlane: Biochem. J. **70**, 409 (1958).

[4] — Biochem. J. **70**, 425 (1958).

[5] —, and M. G. Macfarlane: Biochem. J. **81**, 480 (1961).

[6] Debuch, H.: Z. physiol. Chem. **304**, 109 (1956).

[7] Klenk, E., u. G. Krickau: Z. physiol. Chem. **308**, 98 (1957).

[8] Tattrie, N. H.: J. Lipid Res. **1**, 60 (1959).

[9] van Golde, L. M. G., R. F. A. Zwaal, and L. L. M. van Deenen: Koninkl. Nederl. Akad. Wetensch. **68**, 255 (1965).

[10] Klenk, E., and H. Debuch: Plasmalogens. In Progress in the Chemistry of fats and other lipids, Vol. VI, p. 1 London: Pergamon Press 1963.

[11] Debuch, H.: Z. physiol. Chem. **327**, 65 (1962).

[12] Gray, G. M.: J. Chromatog. **6**, 236 (1961).

[13] Farquhar, J. W.: Biochim. biophys. Acta (Amst.) **60**, 80 (1962).

[14] — J. Lipid Res. **3**, 21 (1962).

[15] Debuch, H., u. M. Winterfeld: Z. physiol. Chem. (Im Druck).

[16] Klenk, E.: Z. physiol. Chem. **281**, 25 (1944).

[17] Gray, G. M.: J. Chromatog. **4**, 52 (1960).

[18] Gottfried, E. L., and M. M. Rapport: J. biol. Chem. **237**, 329 (1962).

[19] Renkonen, O.: Acta chem. scand. **17**, 634 (1963).

[20] Wagenknecht, A. C.: Science **126**, 1288 (1957).

[21] Hack, M. H., A. E. Gussin, and M. E. Lowe: Comp. Biochem. Physiol. **5**, 217 (1962).

[22] —, R. G. Yaeger, and T. D. Mc Caffery: Comp. Biochem. Physiol. **6**, 247 (1962).

[23] Rapport, M. M., and N. F. Alonzo: J. biol. Chem. **235**, 1953 (1960).

[24] — Biol. Bull. **121**, 376 (1961).

[25] Klenk, E., u. E. Friedrichs: Z. physiol. Chem. **290**, 169 (1952).

[26] Christl, H.: Z. physiol. Chem. **293**, 83 (1953).

[27] Stammler, A., U. Stammler und H. Debuch: Z. physiol. Chem. **296**, 80 (1954).

[28] Minder, W. H., u. I. Abelin: Z. physiol. Chem. **298**, 121 (1954).

[29] Wittenberg, J. B., S. R. Korey, and F. H. Swenson: J. biol. Chem. **219**, 39 (1956).

[30] Rapport, M. M., and B. Lerner: Biochim. biophys. Acta (Amst.) **33**, 319 (1959).

[31] Webster, G. R.: Biochim. biophys. Acta (Amst.) **44**, 109 (1960).

[32] Thiele, O. W., H. Schröder und W. v. Berg: Z. physiol. Chem. **322**, 147 (1961).

[33] Norton, W. T.: Biochim. biophys. Acta (Amst.) **38**, 340 (1960).

[34] Scott, T. W., R. M. C. Dawson, and I. W. Rawlands: Biochem. J. **87**, 507 (1963).

[35] MANN, T.: Biochem. J. **40**, 481 (1946).

[36] HARTREE, E. F., and T. MANN: Biochem. J. **80**, 464 (1961).

[37] — In Metabolism and Physiological Significance of Lipids, p. 205, (1964) London: John Wiley & Sons Ltd.

[38] RAPPORT, M. M., and R. E. FRANZL: J. biol. Chem. **225**, 851 (1957).

[39] WARNER, H. R., and W. E. M. LANDS: J. biol. Chem. **236**, 2404 (1961).

[40] KIYASU, J. Y., and E. P. KENNEDY: J. biol. Chem. **235**, 2590 (1960).

[41] MC MURRAY, W. C.: J. Neurochem. **11**, 315 (1964).

[42] KEENAN, R. W., J. B. BROWN, and B. H. MARKS: Biochim. biophys. Acta (Amst.) **51**, 226 (1961).

[43] KOREY, S. R., and M. ORCHEN: Arch. Biochem. **83**, 381 (1959).

[44] DEBUCH, H.: Vortrag auf der Arbeitstagung der Physiol. Chem. Okt. 1964, Köln s. a. Z. physiol. Chem. **344**, 83 (1966).

[45] BRADY, R. O., and G. J. KOVAL: J. biol. Chem. **233**, 26 (1958).

[46] CARR, H. G., H. HAERLE, and J. J. EILER: Biochim. biophys. Acta (Amst.) **70**, 205 (1963).

[47] SCHOGT, J. C. M., P. H. BEGEMANN, and J. KOSTER: J. Lipid Res. **1**, 446 (1960).

[48] EICHBERG, J., J. R. GILBERTSON, and M. L. KARNOVSKY: J. biol. Chem. **236**, PC 15 (1961).

[49] GILBERTSON, J. R., and M. L. KARNOVSKY: J. biol. Chem. **238**, 893 (1963).

[50] HALLGREN, B., and S. LARSSON: J. Lipid Res. **3**, 39 (1962).

[51] CARTER, H. E., D. B. SMITH, and D. N. JONES: J. biol. Chem. **232**, 681 (1958).

[52] SVENNERHOM, L., and H. THORIN: Biochim. biophys. Acta (Amst.) **41**, 371 (1960).

[53] ANSELL, G. B., and S. SPANNER: Biochem. J. **81**, 36 P (1961).

[54] HANAHAN, D. J., and G. A. THOMPSON Jr.: Ann. Rev. Biochem. **32**, 215 (1963).

[55] —, and R. WATTS: J. biol. Chem. **236**, PC 59 (1961).

[56] THOMPSON, G. A. Jr., and D. J. HANAHAN: Arch. Biochem. **96**, 671 (1962).

[57] — — J. biol. Chem. **238**, 2628 (1963).

[58] BENSON, A. A., and B. MARUO: Biochim. biophys. Acta (Amst.) **27**, 189 (1958).

[59] STRICKLAND, E. H., and A. A. BENSON: Arch. Biochem. **88**, 344 (1960).

[60] BENSON, A. A., B. MARUO, R. J. FLIPSE, H. W. YUROW, and W. W. MILLER: 2. U. N. Geneva Conference, Pergamon Press London. P/858 p. 289.

[61] GRAY, G. M.: Biochim. biophys. Acta (Amst.) **84**, 35 (1964).

[62] WINTERMANS, J. F. G. M.: Biochim. biophys. Acta (Amst.) **44**, 49 (1960).

[63] HAVERKATE, F., and L. L. M. VAN DEENEN: Biochim. biophys. Acta (Amst.) **84**, 106 (1964).

[64] DEBUCH, H., u. E. ROTSCH: Z. physiol. Chem. **343**, 135 (1965).

[65] KLENK, E., u. W. KNIPPRATH: Z. physiol. Chem. **327**, 283 (1962).

[66] DEBUCH, H.: Z. Naturforsch. **16b**, 561 (1961); **19b**, 358 (1964).

[67] ALLEN, C. F., P. GOOD, H. F. DAVIS, and S. T. FOWLER: Biochem. biophys. Res. Commun **15**, Nr. 5 (1964).

[68] HAVERKATE, F., J. DE GIER und L. L. M. VAN DEENEN: Experientia (Basel) XX, 9, 511 (1964).

[69] KIYASU, J. Y., R. A. PIERINGER, H. PAULUS, and E. P. KENNEDY: J. biol. Chem. **238**, 2293 (1963).
[70] MACFARLANE, M. G.: Biochem. J. **92**, 12 c (1964).
[71] —, G. M. GRAY, and L. W. WHEELDON: Biochem. J. **77**, 626 (1960).
[72] FLEISCHER, S., G. BRIRLEY, H. KLOUWEN, and D. B. SLAUTTERBACK: J. biol. Chem. **237**, 3264 (1962).
[73] BENSON, A. A., and E. H. STRICKLAND: Biochim. biophys. Acta (Amst.) **41**, 328 (1960).
[74] MACFARLANE, M. G.: Biochem. J. **79**, 4 P (1961).
[75] — Biochem. J. **80**, 45 P (1961).
[76] — In Metabolism and Physiological Significance of Lipids, p. 399 London: John Wiley & Sons Ltd 1964.
[77] — Nature (Lond.) **196**, 136 (1962).
[78] HOUTSMULLER, U. M. T., and L. L. M. VAN DEENEN: Biochim. biophys. Acta (Amst.) **84**, 96 (1964).
[79] — — Proc. kon. ned. Akad. Wet. B **66**, 236 (1963).
[80] KANFER, J., and E. P. KENNEDY: J. biol. Chem. **238**, 2919 (1963).
[81] GREEN, D. E., and S. FLEISCHER: Biochim. biophys. Acta (Amst.) **70**, 554 (1963).
[82] THUDICHUM, J. L. W.: A treatise on the chemical constitution of the brain. Bailliere, Tindall and Cox, London (1884). Zit. nach D. L. DRABKIN: Reflections upon a Classic. Hamden (Connecticut): Archon Books 1962.
[83] — Die chemische Konstitution des Gehirns des Menschen und der Tiere. Tübingen: Pietzcker 1901.

The Influence of the Physical Nature of the Substrate on Phospholipase Activity

By R. M. C. DAWSON

Biochemistry Department, A. R. C. Institute of Animal Physiology, Babraham, Cambridge, Great Britain

With 3 Figures

There are many instances reported in the literature of the stimulating effect of surface active agents on lypolytic enzymes. These have usually been ascribed to the better dispersion or 'emulsification' of the lipid resulting in a greater 'availability' of the substrate

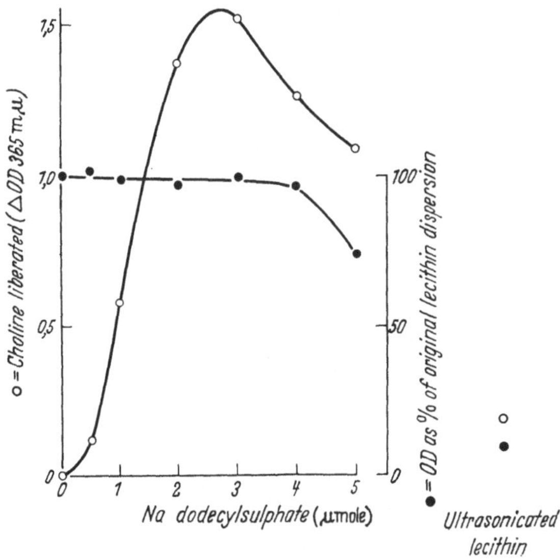

Fig. 1. The effect of Na dodecylsulphate on the dispersion of lecithin (with Ca^{2+}) and its hydrolysis by phospholipase D

for enzymatic hydrolysis. However, careful examination of these systems suggests that while substrate dispersion may be of importance, it by no means fully accounts for the experimental facts. For example the hydrolysis of ovolecithin by many phospholipases is stimulated by sonicating the substrate with ultrasound to produce a water-clear colloidal solution (DAWSON 1963a). With phospholipase D the activation produced is very small indeed compared with the stimulation resulting from the addition of the surface active agent sodium dodecyl sulphate (Fig. 1). This detergent produces no visible dispersion of the substrate — on the contrary the lecithin particles in the enzymatic system (containing Ca^{2+}) appear to be aggregated.

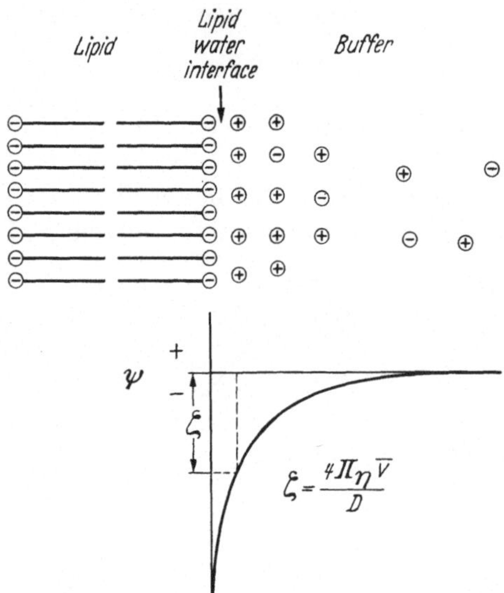

Fig. 2. Diagrammatic representation of a bimolecular leaflet of an anionic phospholipid in a buffer and the electrostatic field produced

When a purified phospholipid such as ovolecithin is shaken with water or dilute buffer it forms massive myelinic particles containing around 25,000 molecular units (ROBINSON, 1960; SAUNDERS, PERRIN, and GAMMACK, 1962). Examination of such particles under the electron microscope shows them to consist of concentric layers of lipid separated by an aqueous phase (e.g. STOECKENIUS, SCHULMAN, and PRINCE, 1960; GREEN, and FLEISCHER, 1964; BANGHAM, and HORNE, 1964). From the dimensions of the lipid layer (42 to 45 Å) it is reasonable to conclude that this consists of a bimolecular leaflet in which the polar head groups of the phospholipid molecules in each molecular layer are orientated to the aqueous phase (Fig. 2).

If the phospholipid has a net charge on its hydrophilic portion a consequence of this orientation will be that an electrostatic field will be set up near to the surface of the particle which will decrease exponentially to a very low level at a certain distance away from the surface in the bulk buffer phase. In an electrical field the lipid particle will move with an associated cloud of oppositely charged counter ions from the buffer, the potential at the plane of shear being called the ζ potential. This electrostatic field near the surface of a lipid particle (electrical diffuse double layer) may have a very appreciable effect on the approach, orientation and penetration of an attacking enzyme molecule. The effective width of the field will depend on the ionic strength and composition of the buffer solution e.g. in a buffer of ionic strength 0.02 it will decrease to about 5% of that at the lipid water interface at 60 Å and this distance will be reduced as the ionic strength is increased. Since the diameter of a globular enzyme molecule will probably lie between 35 to 70 Å it is clear that the lipid surface can interact electrostatically with the whole or a portion of the enzyme molecule causing orientation to the substrate.

It is possible to measure the ζ potential of phospholipid particles by observing them under a microscope and measuring their mobility in an electric field (BANGHAM, and DAWSON, 1959). Their ζ potentials can be varied by mixing them with small amounts of anionic or cationic amphipathic substances (molecules containing both hydrophobic and hydrophilic regions) which orientate with the phospholipid and form part of the bimolecular leaflet. Studies of various purified phospholipases have made it clear that for optimum activity these often have quite specific but different requirements for the ζ potential of their phospholipid substrates. For example, the phospholipase B of *penicillium notatum* will attack particles of lecithin only when the phospholipid's surface, which at physiological pHs is virtually isoelectric, is made negatively charged by the introduction of anionic amphipaths (e.g. phosphatidyl inositol, cardiolipin). Conversely the phospholipase D of *clostridium perfringens* will only hydrolyse lecithin when this has been made positively charged, for example by the introduction of a cationic amphipath such as stearylamine. A third type of activation is that where the strong negative charge on an acidic phospholipid has to be reduced before the phospholipase activity will occur. This is seen with triphosphoinositide monoesterase where cationic amphipathic substances e.g. cetyltrimethylammonium$^+$, palmitoylcholine, stearylamine are potent activators (Dawson, and Thompson, 1964). Sometimes it is possible to reduce the inhibitory effect of an unfavourable surface charge by diluting the net charge density out with a zwitterionic amphipathic substance such as lecithin. Thus addition of lecithin to negatively-charged phosphatidyl ethanolamine particles stimulates their hydrolysis by *Cl. perfringens* phospholipase C (Bangham, and Dawson, 1962; de Gier, de Haas, and van Deenen, 1962).

It is characteristic of these enzymatic activations produced by the addition of charged amphipathic molecules to the bimolecular leaflets of substrate that they are largely independent of the nature of the polar group on the amphipathic substance so long as these orientate in the phospholipid surface. For example the activation of lecithin hydrolysis by phospholipase B of *P notatum* is equally well produced by phosphatidyl inositol as by dodecylsulphate; on the other hand, the threshold concentration required to activate, although varying considerably with the nature of the amphipath, always produces a constant ζ potential on the substrate particle (Bangham, and Dawson, 1959). A further characteristic is that the action of a phospholipase on such activated substrates is inhibited by the introduction into the bimolecular leaflet of an amphipathic molecule with a charged head group opposite in sign to the activating amphipath. Thus the cetyltrimethylammonium bromide-stimulated hydrolysis of triphosphoinositide by triphosphoinositide phosphodiesterase is inhibited by the inclusion in the system of anionic amphipaths such as hexadecylsulphate (Thompson, and Dawson, 1964). Complete suppression of the activation occurs when the surface ζ potential has been changed to a value equivalent to the threshold ζ potential required to produce activation.

The addition of a salt to the aqueous phase will generally bring about a change in the ζ potential of a phospholipid particle by introducing counter ions which are attracted to oppositely charged polar groups on the surface of the lipid particle. With univalent salts (NaCl, KCl) the reduction of charge follows approximately the Gouy relationship:

$$\psi = \frac{2\,KT}{e}\,\sinh^{-1}\frac{134}{AC_1^{1/2}}$$

ψ = surface potential in millivolts (mV)

$\dfrac{KT}{e}$ = 25.2 mV at 20 °C

A = area of charged head group in square Å

C_i = total concentration of univalent ions.

Charge reversal will rarely occur. Generally the higher the valency of the counter ions added the more effective they are as depolarizers of charged lipid surfaces. Thus the quadrivalent thorium ion is an excellent depolarizer of negatively charged lipid-water interfaces and the trivalent ferrocyanide ion of positively charged lipid surfaces. The surplus charge on divalent and polyvalent counter ions can cause a charge reversal in the ζ potential or produce a charge on the iso-electric surface of a zwitter-ionic phospholipid such as lecithin. Thus Ca^{2+} or Mg^{2+} produce a positive ζ potential on lecithin particles and are thus able to activate their attack by phospholipase C (*Cl. perfringens*) while $Fe_3(CN)_6^{3-}$ produces a negative poten-tial around lecithin particles

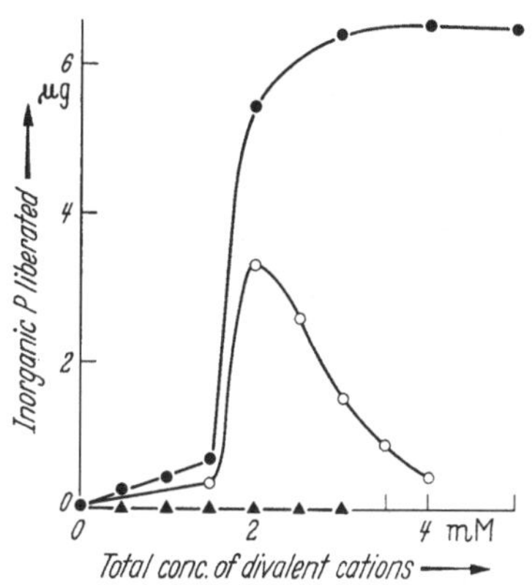

Fig. 3. The hydrolysis of triphosphoinositide by triphosphoinositide phosphomonoesterase. ● = MgCl₂ added; Δ = CaCl₂ added; 0 = MgCl₂ added to give a concentration of 1.5 mM then CaCl₂ added

and is thus able to activate phospholipase B (*P. notatum*). Con-versely these divalent cations inhibit the hydrolysis of lecithin by phospholipase B activated by anionic amphipaths and ferrocyanide the hydrolysis of lecithin by phospholipase C activated by cationic detergents.

An interesting example is the case of divalent metal ion activation of triphosphoinositide phosphomonoesterase. Here the enzyme requires magnesium as an obligatory cofactor so that the addition of sufficient magnesium can both reduce the excess negative charge on the substrate and also satisfy the essential cofactor requirements (Fig. 3). On the other hand, calcium will not activate the purified enzyme; if however a little magnesium is added which by itself is insufficient to activate the enzyme, then the further addition of calcium stimulates the activity (Fig. 3). Once the requirements for Mg^{2+} have been satisfied the excess charge on the substrate can be eliminated by a number of non-specific depolarizers such as Ca^{2+} or cationic amphipaths (Dawson, and Thompson, 1964).

Soluble proteins can also act as large macromolecular ions which by their electrostatic masking action on charged lipid surfaces change the rate of the enzyme action. Thus protamine or histone sulphate solutions will activate triphosphoinositide phosphomono-esterase (Dawson, and Thompson, 1964). It is therefore necessary to carry out investigations on the mechanism of phospholipase action with pure enzymes or preparations which contain little foreign protein with an isoelectric point markedly different from the enzyme itself.

It would appear that the phospholipase A of pancreas requires a negative charge on its phospholipid substrate before appreciable enzymatic hydrolysis occurs. Thus while the enzyme will attack the negatively charged phosphatidyl ethanolamine, it will only hydrolyse lecithin when anionic amphipaths such as phosphatidic acid, phosphatidyl serine or deoxycholate have been added to the substrate (de Haas et al. 1963).

However it must not be concluded that all phospholipases are substantially influenced by the charge on the phospholipid sub-strate. For example, in a water saturated with ether-system lecithin particles are attacked equally well by the purified phospholipase A of cobra venom when they are isoelectric or made positively or negatively charged by the addition of amphipathic substances, e.g. cetyltrimethylammonium$^+$, phosphatidyl inositol (Dawson, 1963 b). It is true that certain anionic amphipaths (dicetylphospho-ric acid) are inhibitory but there is no evidence of a sharp ζ poten-tial threshold when the enzyme becomes inactive as is seen with other phospholipases. Furthermore, the extent of the inhibition depends on the nature of the anionic amphipathic molecule and is not related to the ζ potential. Thus the inhibition due to dicetyl-phosphoric acid cannot be relieved by adjusting the ζ potential to zero by adding a cationic amphipathic substance.

The question may now be asked as to how the electrostatic field near to the substrate's surface can influence the rate of the enzy-matic attack. If there is a net charge on the polar head group of the phospholipid or on the amphipath added to promote enzymatic activity, electrostatic repulsion between the charged head groups will occur (HAYDON and TAYLOR, 1963). This will have the effect of spacing out the phospholipid molecules in the bimolecular laminae, and if the charge is sufficiently high the attraction between the hydrocarbon chains will be overcome causing dispersion of the phospholipid into small micelles. There is no doubt that in certain instances this spacing out may effect phospholipase action. Thus the phospholipase A of cobra venom hydrolyses phosphatidyl ethanolamine more readily as the pH is increased from 7 to 9 whereas lecithin hydrolysis is comparatively unaffected (DAWSON, 1963). While lecithin remains isoelectric on increasing the pH the phosphatidyl ethanolamine particles become more negatively charged presumably due to the discharge of the amino group. This would result in a greater repulsion between the head groups in the surface bimolecular layer and the consequent increased spacing between the phospholipid molecules would allow easier access of the enzyme to the susceptible fatty-acyl bonds.

However there is evidence from a study of the enzymatic hydrolyses of unimolecular films of phospholipids that this is not the only effect involved. Such hydrolyses can be studied by using surface films of (^{32}P)-phospholipids of very high specific radioactivity on a Langmuir-type trough (BANGHAM and DAWSON, 1960). The hydrolysis can be measured by recording the loss of surface radioactivity as the water-soluble (^{32}P-) products diffuse away into the bulk phase. At low film pressures it was observed that pure lecithin films were hydrolysed by the phospholipase B of *P. notatum*. At film pressure above 30 dynes/cm hydrolysis only occurred if an anionic amphipath was added to the film. In contrast to the hydrolysis of low pressure films, this hydrolysis activated by anionic amphipaths was inhibited by Ca^{2+} or $(UO_2)^{2+}$ added to the bulk aqueous phase, which suggests that electrostatic conditions at the interface were now of great importance in assisting the hydrolysis. The addition of anionic amphipats to the film increased the spacing between the phospholipid molecules. However, by increasing the pressure this tendency could be resisted so that the film exhibited the same surface radioactivity as that of a pure lecithin film which was not hydrolysed by the enzyme. Thus, unless some asymmetry of the molecular arrangement in the unimolecular film was produced the average space occupied by the orientated lecithin molecules would be the same in each instance. This would indicate, therefore that the activating effect of the negative ζ potential of the substrates is due to a specific orientation of the enzyme rather than a mere spacing out of the substrate molecules.

A further consideration is the behaviour of lipoidal products of phospholipid hydrolysis during enzymatic digestion of substrate particles. Since these are water-insoluble they tend to remain in the hydrophobic milieu of the phospholipid particle and unless they are removed from the surface by interchange with fresh substrate molecules from the interior of the particle, they block further enzymatic action. There is evidence that this can happen when the phospholipase A of cobra venom is incubated with lecithin particles. There is a rapid increase in the electrophoretic mobility of the particles towards the anode even though analytically little detectable hydrolysis has occurred (DAWSON, 1963). This would indicate that the surface bimolecular lamina is being hydrolysed and the liberated fatty acids are remaining orientated in the surface film. On saturating the aqueous medium with ether this orientation is prevented since even when extensive hydrolysis has occured no change in the electrophoretic mobility is apparent. Presumably the penetration of the small ether molecules into the substrate particle causes a rearrangement of the molecular organisation so that any liberated fatty acid is repositioned in the interior.

Eventually when extensive enzymatic hydrolysis has occurred, the repositioning of the lipoidal product of the reaction in the interior may become incomplete. When, for example, phospholipase C *(Cl. perfringens)* is attacking lecithin particles made positively charged by the addition of a cationic amphipathic substance, the electrophoretic mobility of the particles remains constant until about 60% hydrolysis has occured. The particles then undergo a dramatic charge reversal, and as the enzyme is unable to attack the unfavourable negative surface, the reaction ceases. The most likely explanation of this charge reversal is that the diglyceride formed in the reaction is appearing on the surface and producing a negative ζ potential by selective adsorption of anions from the aqueous phase on its free hydroxyl group.

Table 1. *Characteristics of purified water-soluble phospholipases*

PC = phosphatidyl choline　　PE = phosphatidyl ethanolamine　PS = phosphatidyl serine　　PG = phosphatidyl glycerol
CL = cardiolipin　　　　　　　PI = phosphatidyl inositol　　　　TPI = triphosphoinositide　　DPI = diphosphoinositide
S = sphingomyelin

	Substrates hydrolysed	Essential metal cofactor	PC hydrolysis stimulated by	Action of amphipathic substances		Actior of bulk counter ions		References
				cationic	anionic	cations	anions	
Phospholipase A, *naja naja* venom	PC, PE, PS, CL, PG, PI	Ca^{2+}	ether, sonication	none	some inhibitory e. g. dicetyl phosphoric acid activate	little action	little action	Dawson (1963)
Phospholipase A, pancreas	PC, PE, PS		ether		activate			de Haas (1963)
Phospholipase B, *penicillium notatum*	lyso PC lyso PE PC		sonication	inhibit	activate	Ca^{2+}, Mg^{2+}, $(UO_2)^{2+}$, Th^{4+} inhibit	$Fe_3(CN)_6^{3-}$ activates	Dawson (1958) Bangham and Dawson (1959, 1960)
Phospholipase C, *Cl. perfringens*	PC, S, PE		sonication	activate	inhibit	Ca^{2+}, Mg^{2+} activate	$Fe_3(CN)_6^{3-}$ inhibits	Bangham and Dawson (1962)
Phospholipase D, savoy cabbage	PC, PE, PG	Ca^{2+}	sonication, ether	inhibit	some activate e. g. dodecyl sulphate			Dawson (in press)
Triphosphoinositide phosphomonoesterase, ox brain	TPI DPI	Mg^{2+} (Mn^{2+})		activate	inhibit	Mg^{2+}, Ca^{2+}, protamine, histone activate		Dawson and Thompson (1964)
Triphosphoinositide phosphodiesterase, ox brain	TPI DPI			activate	inhibit	Mg^{2+}, Ca^{2+}, protamine, histone activate		Thompson and Dawson (1964)

Summary and Conclusion

The results briefly discussed in the present paper are summarized in Tab. 1. It is clear that with most phospholipases the electrostatic conditions at the lipid-water interface are of paramount importance in determining the rate of substrate hydrolysis. Thus the hydrolyses of lecithin by certain phospholipases (A, pancreas; B, *P. notatum*) are favoured by a negative ζ potential on the substrate so they are activated by the addition of anionic amphipathic substances. Conversely, the hydrolysis of lecithin by phospholipase C *(Cl. perfringens)* is favoured by a positive ζ potential so it is activated by cationic and inhibited by anionic surfactants. To some extent the hydrolysis of lecithin by all phospholipases is facilitated by increased dispersion of the substrate as, for example, by sonication. There is good evidence, however, that in many instances other mechanisms apart from dispersion are responsible for the stimulatory effect of surfactant substances.

A further type of activation is seen with the substrate triphosphoinositide which is not attacked appreciably by its specific phosphomonoesterase and phosphodiesterase until the large negative charge existing on its molecule is reduced by the addition of cationic amphipathic molecules, divalent cations or basic proteins.

It is certain that these controlling effects of the substrate's ζ potential on enzymatic attack are not confined to the phospholipid hydrolases. Indeed the purified enzyme which catalyses the transfer of the methyl group of S-adenosyl methionine to an olefinic fatty acid esterified in phosphatidylethanolamine is strikingly stimulated by anionic and inhibited by cationic amphipathic substances (Chung and Law, 1964).

References

Bangham, A. D., and R. M. C. Dawson: Biochem. J. **72**, 486 (1959).
— — Biochem. J. **75**, 133 (1960).
— — Biochim. biophys. Acta (Amst.) **59**, 103 (1962).
—, and R. W. Horne (1964): Metabolism and physiological significance of lipids, p. 413. Ed Dawson, R. M. C., and D. N. Rhodes, John Wiley and Sons Ltd., London:
Dawson, R. M. C.: Biochem. J. **70**, 559 (1958).
— Biochim. biophys. Acta (Amst.) **70**, 697 (1963a).
— Biochem. J. **88**, 414 (1963b).
—, and W. Thompson: Biochem. J. **91**, 244 (1964).
de Gier, J., G. H. de Haas, and L. L. M. van Deenen: Biochem. J. **81**, 33P (1962).

DE HAAS, G. H., C. H. T. HEEMSKERK, L. L. M. VAN DEENEN, R. W. R.
    BAKER, J. GALLAI-HATCHARD, W. L. MAGEE, and R. H. S. THOMPSON:
    Biochim. biophys. Acta (Amst.) 1, 244 (1963), Ed. A. C. Frazer.
GREEN, D. E., and S. FLEISCHER: Metabolism and physiological significance
    of lipids, p. 581. Ed DAWSON, R. M. C. and D. N. RHODES. John Wiley and
    Sons, Ltd. (1964) London.
HAYDON, D. A., and J. TAYLOR: J. theor. Biol. 4, 281 (1963).
CHUNG, A. E., and J. H. LAW: Biochemistry 3, 967 (1964).
ROBINSON, N.: Proc. Brit. Biophys. Society October Meeting, 1961. Trans.
    Farad. Soc. 56, 1260 (1960).
SAUNDERS, L., J. PERRIN, and D. GAMMACK: J. Pharm. Pharmacol. 14,
    567 (1962).
STOECKENIUS, W., J. H. SCHULMAN und L. M. PRINCE: Kolloid. Z. 169,
    170 (1960).
THOMPSON, W., and R. M. C. DAWSON: Biochem. J. 91, 237 (1964).

Biosynthesis of Phoshoinositides

By R. J. ROSSITER and F. B. PALMER

Department of Biochemistry, University of Western Ontario, London, Canada

With 1 Figure

It is now known that brain contains three phosphoinositides, a monophosphoinositide (MPI)* a diphosphoinositide (DPI) and a triphosphoinositide (TPI) (HÖRHAMMER, WAGNER, and HÖLZL, 1958, 1960; BROCKERHOFF and BALLOU, 1961; DITTMER and DAWSON, 1961). The important work of BROCKERHOFF and BALLOU (1961) and DAWSON and DITTMER (1961) has established the structure of MPI, DPI and TPI as 1-phosphatidyl-L-myoinositol, 1-phosphatidyl-L-myoinositol-4-phosphate and 1-phosphatidyl-L-myoinositol-4,5-diphosphate, respectively.

Although these phospholipids occur in highest concentration in brain, they are not confined to this tissue. For example, MPI occurs in high concentration in many tissues (TAYLOR and McKIBBON, 1953; WAGNER, HÖLZL, LISSAU, and HÖRHAMMER, 1963; OLIVER, GARDINER, and ROSSITER, 1964) and recent reports indicate that this lipid may be important in both the structure (FLEISCHER, BRIERLEY, KLOUWEN, and SLAUTTERBACK, 1962) and the funtion (VIGNAIS, VIGNAIS, and LEHNINGER, 1964) of mitochondria.

The polyphosphoinositides occur in greatest concentration in white matter of brain and peripheral nerve (HÖRHAMMER et al. 1960; OLIVER et al. 1964; LeBARON, McDONALD, and RAMARAO, 1963) and it is probable that these lipids are components of myelin (EICHBERG and DAWSON, 1964). For some time it was believed that the polyphosphoinositides were confined to the nervous system, but experiments carried out during the last several years indicate that they occur, albeit in much lower concentration, in many other

---

* The following abbreviations are used:

ATP = adenosine 5′-triphosphate; CTP = cytidine 5′-triphosphate; CDP = cytidine 5′-diphosphate; CMP = cytidine 5′-monophosphate; P_i, = inorganic orthophosphate; PP_i = inorganic pyrophosphate; MPI = monophosphoinositide, i. e. 1-phosphatidyl-L-myoinositol; DPI = diphosphoinositide, i. e. 1-phosphatidyl-L-myoinositol-4-phosphate; TPI = triphosphoinositide, i. e. 1-phosphatidyl-L-myoinositol-4,5-diphosphate; GPI = glycerolphosphorylinositol.

tissues (WAGNER et al. 1963; OLIVER et al., 1964; SANTIAGO-CALVO, MULÉ, REDMAN, HOKIN, and HOKIN, 1964; EICHBERG and DAWSON, 1964), including Ehrlich ascites cells (PALMER, 1965). They are known to be components of the phosphatidopeptide of brain (LEBARON and ALBANYS, 1964) and kidney (ANDRADE and HUGGINS, 1964). The demonstration of small amounts of polyphosphoinositides in many different mammalian tissues is consistent with recent suggestions that these lipids may play some important functional role, possibly in relation to the transport of cations across biological membranes (GARBUS et al. 1963; GALLIARD and HAWTHORNE, 1963).

Phosphatidyl Inositol

The biosynthesis of phosphatidyl inositol in brain was recently reviewed by ROSSITER and PALMER (1965). In both liver (PAULUS and KENNEDY, 1960) and brain (THOMPSON, STRICKLAND, and ROSSITER, 1963) the liponucleotide CDP-diglyceride is an inter-

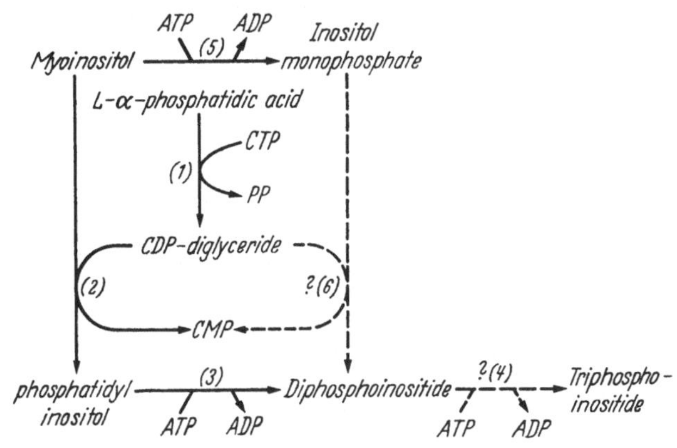

Fig. 1. Biosynthesis of phosphoinositides

mediate in the formation of MPI. This unusual substance, first described by AGRANOFF, BRADLEY, and BRADY (1958), is formed as the result of a cytidylyltransferase reaction in which a cytidylyl group is transferred enzymically from CTP to L-α-phosphatidic acid.

$$\text{L-}\alpha\text{-phosphatidic acid} + \text{CTP} \rightleftharpoons \text{CDP-diglyceride} + \text{PP}_i \qquad (1)$$

Phosphatidyl inositol is then produced as the result of a phosphatidyltransferase reaction in which a phosphatidyl group is transferred enzymically from CDP-diglyceride to free myoinositol:

$$\text{CDP-diglyceride} + \text{myoinositol} \rightleftharpoons \text{phosphatidyl inositol} + \text{CMP} \quad (2)$$

These reactions are summarized in Fig. 1 (Reactions 1 and 2).

Polyphosphoinositides

Work on the biosynthesis of the polyphosphoinositides is still in active progress in a number of laboratories. Rossiter and Palmer (1965) have summarized the more recent work on the biosynthesis of the polyphosphoinositides in brain.

Brockerhoff and Ballou (1962a) have shown that when slices of rabbit brain were incubated in a suitable medium containing inorganic ^{32}P, most of the radioactivity could be recovered from the monoesterified phosphate groups, the specific radioactivities of which greatly exceeded that of the diester phosphate. The molar radioactivities of the poorly labelled diester phosphate of the three phosphoinositides were in the following order: MPI > DPI > TPI. Brockerhoff and Ballou (1962b) further reported that when the brain slices were incubated in the presence of either inositol-^{3}H or glycerol-2-^{14}C, the molar radioactivities of the phosphoinositides were in the same order. They suggested that in brain DPI is formed by the transfer of a phosphoryl group to MPI from an unknown phosphate donor, possibly ATP (Fig. 1, Reaction 3). Subsequently Colodzin and Kennedy (1964) provided evidence for the enzymic phosphorylation of MPI from ATP in a microsome preparation of rat brain. Brockerhoff and Ballou (1962b) also suggested that TPI is formed by the transfer of a second phosphoryl group to DPI (Fig. 1, Reaction 4).

Recent experiments in which radioactivity from both inorganic ^{32}P (Galliard and Hawthorne, 1963) and AT^{32}P (Hokin and Hokin, 1964) is incorporated into the monoesterfied phosphate of the polyphosphoinositides of cell-free preparations of other tissues, indicate that phosphorylation reactions involving the phosphoinositides may be quite general in mammalian cells. They are consistent with the proposal of Brockerhoff and Ballou (1962b) concerning the biosynthesis of the polyphosphoinositides.

Other possibilities must, however, be considered. An alternative suggestion for the biosynthesis of DPI is that inositol monophosphate, formed by phosphorylation from ATP (Fig. 1, Reaction 5), might receive a phosphatidyl group from CDP-diglyceride to form DPI by means of a phosphatidyltransferase reaction (Fig. 1, Reaction 6) similar to that already described for the biosynthesis of MPI (Equation 2; Fig. 1, Reaction 2). An inositol kinase was not demonstrated in mammalian tissues by PAULUS and KENNEDY (1960), but such an enzyme has been reported in yeast by HOFF-MANN-OSTENHOF, JUNGWIRTH, and DAWID (1958). As far as we are aware, there is at the present time no evidence for the occurrence of Reaction 6, Fig. 1.

Observations supporting the suggestion of BROCKERHOFF and BALLOU (1962b) are reported in Tab. 1. Slices of cat brain were

Table 1. *Incorporation of inorganic ^{32}P into the diesterified and monoesterified phosphate of the phosphoinositides of cat brain slices*

| Phosphoino-sitide | Molar radioactivity (cpm/μmole lipid) | | | | | |
| | Expt. 1 | | | Expt. 2 | | |
	Whole Lipid	Diester P (in GPI)	Monoester P (by difference)	Whole Lipid	Diester P (in GPI)	Monoester P (by difference)
MPI	23,300	21,100	—	23,700	22,100	—
DPI	229,000	17,400	212,000	319,000	18,700	300,000
TPI	214,000	6,850	207,000	363,000	4,950	358,000

incubated in the presence of inorganic ^{32}P and the three phosphoinositides were separated on formaldehyde-treated paper as described by PALMER and ROSSITER (1965). The phosphoinositides were deacylated and the monoesterified phosphate groups removed from each of the resulting glycerolphosphorylinositol esters with alkaline phosphomonoesterase. The glycerolphosphorylinositol (GPI) so formed was separated from the mixture by high-voltage electrophoresis. Whereas for the whole lipid the molar radioactivities of DPI and TPI greatly exceeded that of MPI, for the diester phosphate present in the various GPI fractions the molar radioactivities were in the order MPI > DPI > TPI (Table 1).

Previously it was reported that when cat brain slices were incubated in the presence of inositol-^{3}H or glycerol-1-^{14}C, the molar radioactivities of the phosphoinositides were in the order DPI > MPI > TPI (PALMER and ROSSITER, 1964; ROSSITER and PALMER,

1965). Similar results have been obtained consistently with cat brain slices at many different incubation times. Tab. 2 shows the

Table 2. *Incorporation of radioactivity from myoinositol-³H and glycerol-l-¹⁴C into the phosphoinositides of cat brain slices*

Phosphoi-nositide	Molar radioactivity (cpm/µmole lipid)					
	1 hr.		2 hr.		4 hr.	
	Inositol-³H	Glycerol-¹⁴C	Inositol-³H	Glycerol-¹⁴C	Inositol-³H	Glycerol-¹⁴C
MPI	14,600	4,100	23,600	6,180	29,400	5,950
DPI	38,800	5,440	68,300	12,200	50,800	11,300
TPI	5,010	480	12,000	2,050	12,300	3,450

result of such an experiment in which the slices were incubated in the presence of both inositol-³H and glycerol-l-¹⁴C. The phospho-inositides were separated by the same method (Palmer and Rossiter, 1965) and the radioactivity due to each of the isotopes counted by appropriate methods. Tab. 3 shows the result of a

Table 3. *Incorporation of radioactivity from myoinositol-2-¹⁴C into the phospho-inositides of cat brain slices*

Phosphoinositide	Molar radioactivity (cpm/µmole lipid)			
	0.5 hr.	1 hr.	2 hr.	4 hr.
MPI	2,460	7,770	19,000	39,000
DPI	5,680	17,800	43,700	63,300
TPI	663	2,540	9,750	19,300

further experiment in which slices of cat brain were incubated for various periods of time in the presence of inositol-2-¹⁴C. In every instance the molar radioactivities of the phosphoinositides were in the order DPI > MPI > TPI, thus confirming previous findings.

Since these results with cat brain slices were in apparent contradiction with those of Brockerhoff and Ballou (1962b) for rabbit brain, it was decided to follow the incorporation of inositol-³H into the phosphoinositides of brain *in vivo*. After the intracisternal injection of inositol-³H into cats, radioactivity was recovered from all three phosphoinositides (Tab. 4). With each compound the molar radioactivity increased with time, but not at the same rate. At all times after the injection the molar radioactivities were in the order MPI > DPI > TPI. Moreover, the ratios MPI/DPI and

DPI/TPI fell with each successive time interval. The only exception to this was the increase in MPI/DPI ratio observed between 4 and 8

Table 4. *Incorporation of radioactivity into the phosphoinositides of cat brain following intracisternal injection of inositol-^{3}H*

Time (hours)	Molar radoactivity (cpm/μmole lipid)			Ratio of molar radioactivity	
	MPI	DPI	TPI	MPI/DPI	DPI/TPI
4	142,000	43,000	5,600	3.3	7.7
8	224,000	48,000	10,600	4.7	4.5
16	212,000	49,600	17,700	4.3	2.8
24	219.000	55,700	20,200	3.9	2.8
40	236,000	87,000	39,100	2.7	2.2

hours. In general, the results are consistent with the suggestion that MPI is the precursor of DPI and that DPI is the precursor of TPI. Similar results have been observed for the phosphoinositides of rat brain after the intraperitoneal injection of inositol-^{3}H (GARDINER and ROSSITER, 1965).

For cat brain the discrepancy between the results obtained *in vivo* and *in vitro* was such that it was thought advisable to examine another tissue. The Ehrlich ascites tumor was chosen because it is a tissue that is not highly organized anatomically and previous experiments had shown that it contains comparatively high concentrations of all three phosphoinositides. When the free cells of this tumour were incubated *in vitro* for one hour in the presence of either inositol-2-^{14}C or inositol-^{3}H, the specific radioactivity of DPI was usually greater than that of the other phosphoinositides (Tab. 5). Thus experiments with Ehrlich ascites cells incubated *in vitro* were essentially similar to those reported for cat brain slices.

Table 5. *Incorporation of radioactivity from radioactive myoinositol into the phosphoinositides of Ehrlich ascites tumour in vitro*

Phosphoinositide	Molar radioactivity (cpm/μmole lipid) (1 hour incubation)		
	Expt. 1 Myoinositol-2-^{14}C	Expt. 2 Myoinositol-^{3}H	Expt. 3 Myoinositol-^{3}H
MPI	4,660	2,400	2,310
DPI	7,910	2,370	2,940
TPI	3,790	2,370	1,780

Tab. 6 shows the result of an experiment in which the phosphoinositides of the Ehrlich ascites tumour were labelled *in vivo* after the intraperitoneal administration of inositol-^{3}H to the mice bearing the tumour. The results are comparable with those reported for brain *in vivo* (Tab. 4). The molar radioactivity of each phosphoinositide increased with time, but not at the same rate. The molar radioactivities remained in the order MPI > DPI > TPI. Again the ratios MPI/DPI and DPI/TPI decreased with each successive time interval, a finding consistent with the suggestion that MPI is converted to DPI, which in turn is converted to TPI.

Table 6. *Incorporation of radioactivity from myoinositol-^{3}H into the phosphoinositides of Ehrlich ascites tumour in vivo*

Time (min)	Molar radioactivity (cpm/μmole lipid)			Ratio of molar radioactivity	
	MPI	DPI	TPI	MPI/DPI	DPI/TPI
10	17,100	8,180	2,840	2.1	2.9
20	27,500	19,400	9,600	1.4	2.0
40	45,200	33,100	25,000	1.4	1.3
90	108,000	82,500	82,300	1.3	1.0

The experiments reported here for the incorporation of inositol-^{3}H into the phosphoinositides *in vivo* for cat brain (Tab. 4) and Ehrlich ascites tumour (Tab. 6), together with similar experiments for rat brain after intraperitoneal administration of inositol-^{3}H (Gardiner and Rossiter, 1965), support the suggestion of Brockerhoff and Ballou (1962b), made as the result of experiments carried out *in vitro*, that DPI and TPI are formed by the phosphorylation of MPI as shown in Fig. 1, Reactions 3 and 4.

Conclusions

The biosynthesis of phosphatidyl inositol (MPI) in liver, kidney and brain is by way of the liponucleotide intermediate CDP-diglyceride. This substance is formed by the enzymic transfer of a cytidylyl group from CTP to phosphatidic acid. A phosphatidyl group is then transferred enzymically from CDP-diglyceride to free myoinositol to form MPI.

Work on the biosynthesis of the polyphosphoinositides (DPI and TPI) is still in progress. Experiments carried out *in vitro* with slices of rabbit brain and *in vivo* with cat brain, rat brain and Ehrlich ascites tumour suggest that DPI and TPI are formed by the successive transfer of phosphoryl groups to MPI from an unknown phosphate donor, probably ATP.

Acknowledgment

This work was supported by grants from the Medical Research Council of Canada and the Multiple Sclerosis Society of Canada.

References

AGRANOFF, B. W., R. M. BRADLEY, and R. O. BRADY: J. biol. Chem. **233**, 1077 (1958).

ANDRADE, F., and C. G. HUGGINS: Biochim. biophys. Acta (Amst.) **84**, 681 (1964).

BROCKERHOFF, H., and C. E. BALLOU: J. biol. Chem. **236**, 1907 (1961).

— — J. biol. Chem. **237**, 49 (1962a).

— — J. biol. Chem. **237**, 1764 (1962b).

COLODZIN, M., and E. P. KENNEDY: Fed. Proc. **23**, 229 (1964).

DAWSON, R. M. C., and J. C. DITTMER: Biochem. J. **81**, 540 (1961).

DITTMER, J. C., and R. M. C. DAWSON: Biochem. J. **81**, 535 (1961).

EICHBERG, J., and R. M. C. DAWSON: Biochem. J. **93**, 23P. (1964).

FLEISCHER, S., G. BRIERLEY, H. KLOUWEN, and D. B. SLAUTTERBACK: J. biol. Chem. **237**, 3264 (1962).

GALLIARD, T., and J. N. HAWTHORNE: Biochim. biophys. Acta (Amst.) **70**, 479 (1963).

GARBUS, J., H. F. DeLUCA, M. E. LOOMANS, and F. M. STRONG: J. biol. Chem. **238**, 59 (1963).

GARDINER, R. J., and R. J. ROSSITER: Proc. Canad. Fed. biol. Soc. **8**, 84 (1965).

HOFFMANN-OSTENHOFF, O., C. JUNGWIRTH, and I. B. DAWID: Naturwissenschaften **45**, 265 (1958).

HOKIN, L. E., and M. R. HOKIN: Biochim. biophys. Acta (Amst.) **84**, 563 (1964).

HÖRHAMMER, L., H. WAGNER und J. HÖLZL: Biochem. Z. **330**, 591 (1958).

— — — Biochem. Z. **332**, 269 (1960).

LeBARON, F. N., and S. H. ALBANYS: Fed. Proc. **23**, 221 (1964).

—, C. P. McDONALD, and B. S. S. RAMARAO: J. Neurochem. **10**, 677 (1963).

OLIVER, G. L., R. J. GARDINER, and R. J. ROSSITER: Proc. Canad. Fed. biol. Soc. **7**, 27 (1964).

PALMER, F. B.: Proc. Canad. Fed. biol. Soc. **8**, 85 (1965).

—, and R. J. ROSSITER: Fed. Proc. **23**, 229 (1964).

— — Canad. J. Biochem. **43**, 671 (1965).

PAULUS, H., and E. P. KENNEDY: J. biol. Chem. **235**, 1303 (1960).

Rossiter, R. J., and F. B. Palmer: Proceedings of the 2nd Meeting of the Federation of European Biochemical Societies, Vienna 1965, Vol. 2. Cyclitols and Phosphoinositides. Edited by H. Kindl, p. 69, Pergamon Press
Santiago-Calvo, E., S. Mulé, C. M. Redman, M. R. Hokin, and L. E. Hokin: Biochim. biophys. Acta (Amst.) 84, 550 (1964).
Taylor, W. A., and J. M. McKibbon: J. biol. Chem. 201, 609 (1953).
Thompson, W., K. P. Strickland, and R. J. Rossiter: Biochem. J. 87, 136 (1963).
Vignais, P. M., P. V. Vignais, and A. L. Lehninger: J. biol. Chem. 239, 2011 (1964).
Wagner, H., J. Hölzl, Ä. Lissau und L. Hörhammer: Biochem. Z. 339, 34 (1963).

Zum Mechanismus der Fettsäuresynthese

Von E. Schweizer, D. Oesterhelt, W. Chan, Ch. Duba
und F. Lynen

Max-Planck-Institut für Zellchemie, München

Mit 8 Abbildungen

Der Hauptweg der biologischen Fettsäuresynthese verläuft über Malonyl-CoA als Zwischenprodukt. Diese Verbindung entsteht durch Karboxylierung von Acetyl-CoA in Gegenwart einer spezifischen Acetyl-CoA-Karboxylase unter Beteiligung von ATP, das bei der Reaktion gemäß Gl. (1) in ADP und Orthophosphat gespalten wird.

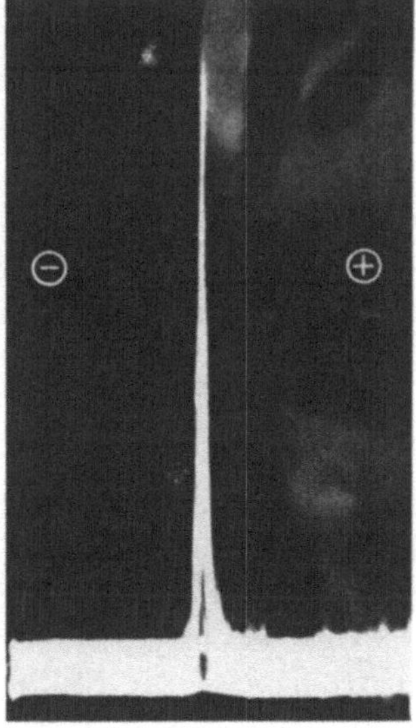

Abb. 1a   Abb. 1b

Abb. 1a. Die Sedimentation der Fettsäuresynthetase in der Ultrazentrifuge

Abb. 1b. Die Synthetase nach 55 min Elektrophorese in Na-Phosphat-NaCl pH 7,5 (150 Volt, 22 bis 27 mA)

$$\text{Acetyl-CoA} + HCO_3^- + \text{ATP} \longrightarrow \text{Malonyl-CoA} + \text{ADP} + P_0 \quad (1)$$

$$\text{Acetyl-CoA} + 8\,\text{Malonyl-CoA} + 16\,\text{TPNH} + 16\,H^+ \longrightarrow$$
$$\text{Stearyl-CoA} + 8\,CO_2 + 16\,\text{TPN}^+ + 8\,H_2O + 8\,\text{CoA}. \quad (2)$$

Malonyl-CoA wird dann anschließend gemäß Gl. (2) in Stearyl-CoA umgewandelt. An dem Vorgang ist TPNH als Reduktionsmittel und Acetyl-CoA als „Starter" des Syntheseprozesses beteiligt.

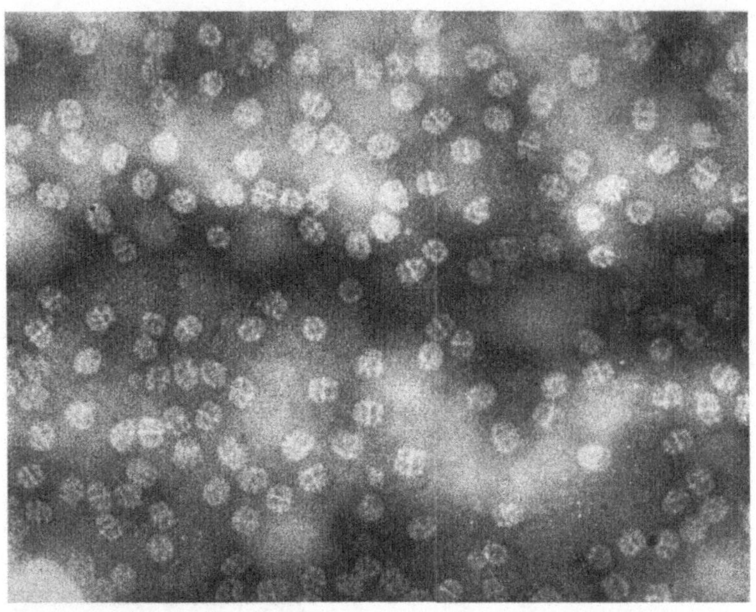

Abb. 1c. Elektronenmikroskopische Aufnahme der Fettsäuresynthetase aus Hefe $(1:5 \times 10^6)$
(Aufnahme von Dr. P. Hofschneider, MPI für Biochemie, München)

Die Bruttogleichung der Synthese aus Malonyl-CoA wurde bei Versuchen mit der Fettsäuresynthetase aus Hefe gefunden[1,2,3]. Wir haben das Enzym über 150fach aus rohen Hefeextrakten angereichert und dabei ein einheitliches Protein vom Molekulargewicht $2,3 \times 10^6$ erhalten. Die Einheitlichkeit zeigt sich in der Ultrazentrifuge, bei der Elektrophorese sowie unter dem Elektronenmikroskop (Abb. 1). Der Gesamtprozeß ist die Summe von sieben Teilreaktionen, die nach dem in Abb. 2 dargestellten Schema ablaufen. Es ist möglich, jede der sieben Teilreaktionen für sich nachzuweisen und zu testen[3]. Fettsäuresynthetase ist demnach ein

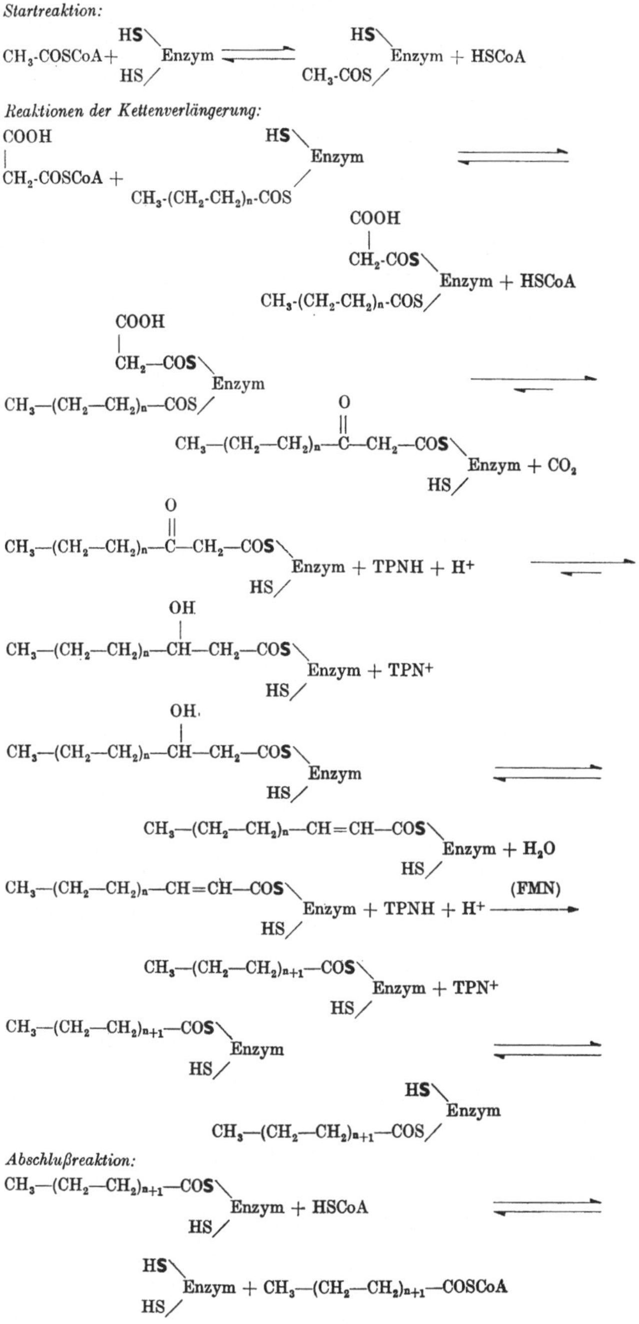

Startreaktion:

$$CH_3\text{-COSCoA} + \begin{array}{l} HS\diagdown \\ \quad\ Enzym \\ HS\diagup \end{array} \rightleftharpoons \begin{array}{l} HS\diagdown \\ \quad\ Enzym + HSCoA \\ CH_3\text{-COS}\diagup \end{array}$$

Reaktionen der Kettenverlängerung:

$$\begin{array}{l} COOH \\ | \\ CH_2\text{-COSCoA} + \end{array} \quad \begin{array}{l} HS\diagdown \\ \quad\ Enzym \\ CH_3\text{-}(CH_2\text{-}CH_2)_n\text{-COS} \end{array} \rightleftharpoons$$

$$\begin{array}{l} COOH \\ | \\ CH_2\text{-COS}\diagdown \\ \qquad\qquad Enzym + HSCoA \\ CH_3\text{-}(CH_2\text{-}CH_2)_n\text{-COS}\diagup \end{array}$$

$$\begin{array}{l} COOH \\ | \\ CH_2—COS\diagdown \\ \qquad\qquad Enzym \\ CH_3—(CH_2—CH_2)_n—COS\diagup \end{array} \rightleftharpoons$$

$$\begin{array}{l} \qquad\qquad\qquad O \\ \qquad\qquad\qquad \| \\ CH_3—(CH_2—CH_2)_n—C—CH_2—COS\diagdown \\ \qquad\qquad\qquad\qquad\qquad\qquad Enzym + CO_2 \\ \qquad\qquad\qquad\qquad\qquad HS\diagup \end{array}$$

$$\begin{array}{l} \qquad\qquad\qquad O \\ \qquad\qquad\qquad \| \\ CH_3—(CH_2—CH_2)_n—C—CH_2—COS\diagdown \\ \qquad\qquad\qquad\qquad\qquad\qquad Enzym + TPNH + H^+ \\ \qquad\qquad\qquad\qquad\qquad HS\diagup \end{array} \rightleftharpoons$$

$$\begin{array}{l} \qquad\qquad\qquad OH \\ \qquad\qquad\qquad | \\ CH_3—(CH_2—CH_2)_n—CH—CH_2—COS\diagdown \\ \qquad\qquad\qquad\qquad\qquad\qquad Enzym + TPN^+ \\ \qquad\qquad\qquad\qquad\qquad HS\diagup \end{array}$$

$$\begin{array}{l} \qquad\qquad\qquad OH \\ \qquad\qquad\qquad | \\ CH_3—(CH_2—CH_2)_n—CH—CH_2—COS\diagdown \\ \qquad\qquad\qquad\qquad\qquad\qquad Enzym \\ \qquad\qquad\qquad\qquad\qquad HS\diagup \end{array} \rightleftharpoons$$

$$\begin{array}{l} CH_3—(CH_2—CH_2)_n—CH=CH—COS\diagdown \\ \qquad\qquad\qquad\qquad\qquad\qquad Enzym + H_2O \\ \qquad\qquad\qquad\qquad\qquad HS\diagup \end{array}$$

$$\begin{array}{l} \qquad\qquad\qquad\qquad\qquad\qquad (FMN) \\ CH_3—(CH_2—CH_2)_n—CH=CH—COS\diagdown \\ \qquad\qquad\qquad\qquad\qquad\qquad Enzym + TPNH + H^+ \longrightarrow \\ \qquad\qquad\qquad\qquad\qquad HS\diagup \end{array}$$

$$\begin{array}{l} CH_3—(CH_2—CH_2)_{n+1}—COS\diagdown \\ \qquad\qquad\qquad\qquad\qquad\qquad Enzym + TPN^+ \\ \qquad\qquad\qquad\qquad\qquad HS\diagup \end{array}$$

$$\begin{array}{l} CH_3—(CH_2—CH_2)_{n+1}—COS\diagdown \\ \qquad\qquad\qquad\qquad Enzym \\ \qquad\qquad\quad HS\diagup \end{array} \rightleftharpoons \begin{array}{l} HS\diagdown \\ \qquad\ Enzym \\ CH_3—(CH_2—CH_2)_{n+1}—COS\diagup \end{array}$$

Abschlußreaktion:

$$\begin{array}{l} CH_3—(CH_2—CH_2)_{n+1}—COS\diagdown \\ \qquad\qquad\qquad\qquad Enzym + HSCoA \\ \qquad\qquad\quad HS\diagup \end{array} \rightleftharpoons$$

$$\begin{array}{l} HS\diagdown \\ \qquad\ Enzym + CH_3—(CH_2—CH_2)_{n+1}—COSCoA \\ HS\diagup \end{array}$$

Abb. 2. Der Mechanismus der Fettsäuresynthese

Multienzymkomplex und besteht aus sieben Einzelenzymen, entsprechend den sieben Teilschritten der Gesamtreaktion.

Wir stellen uns vor, daß im Zentrum des Multienzymkomplexes sich ein Bauelement befindet, das eine SH-Gruppe trägt. Um dieses Zentrum sind die sieben Enzyme in der Weise angeordnet, daß die an diese SH-Gruppe gebundenen Zwischenprodukte der Fettsäuresynthese mit den verschiedenen katalytischen Zentren des Multienzymkomplexes in Wechselwirkung treten können (Abb. 3).

Die Reaktionsfolge beginnt mit der Übertragung der Acetyl- und der Malonylgruppe auf den Enzymkomplex und endet beim Errei-

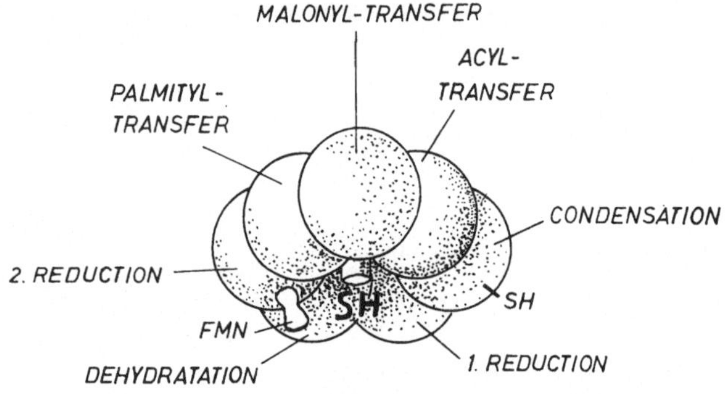

Abb. 3. Hypothetische Struktur des Multienzymkomplexes der Fettsäuresynthetase

chen einer Kettenlänge von 16 bis 18 C-Atomen mit der Rückübertragung des Palmityl- bzw. Stearylrestes vom Enzymkomplex auf Coenzym A. Alle Zwischenprodukte der Synthese wie β-Ketosäuren, β-Hydroxysäuren oder α,β-ungesättigte Säuren treten nicht frei auf, sondern sind an das Enzym gebunden[4,2]. Diese Bindung ist covalent, so daß sich durch Ausfällen des Proteins mit Trichloressigsäure oder durch Filtration über Sephadex verschiedene dieser intermediär gebildeten Acyl-Enzymverbindungen isolieren lassen.

Kernstück der Synthese ist die Kondensation von Acetyl-CoA mit Malonyl-CoA zu Acetacetylenzym. Diese Kondensation unter gleichzeitiger Abspaltung von CO_2 ist thermodynamisch wesentlich günstiger für den Syntheseprozeß als die Kondensation von Acetyl-CoA mit sich selbst, die von dem beim Fettsäureabbau beteiligten Enzym Thiolase katalysiert wird. Bei der Thiolasereaktion (Gl. 3)

$$2 \text{ Acetyl-CoA} \ \rightleftharpoons \ \text{Acetoacetyl-CoA} + \text{CoASH} \qquad (3)$$

$$K_{eq} = \frac{(\text{AcAcCoA})\,(\text{CoASH})}{(\text{AcCoA})^2} = 1{,}6 \times 10^{-5}$$

entsteht so wie bei der Kondensation von Acetyl-CoA und Malonyl-CoA, ein Thioester der Acetessigsäure[5]. Während aber das Gleichgewicht der Reaktion im Falle der Thiolase weit auf der Seite des

$$\text{Acetyl-CoA} + \text{Malonyl-CoA} + \text{H}^+ + \text{Enzym} \ \rightleftharpoons \qquad (4)$$
$$\text{Acetoacetyl-Enzym} + \text{CO}_2 + 2 \text{ CoASH}$$

$$K_{eq} = \frac{(\text{AcAcEnzym})\,(\text{CO}_2)\,(\text{CoASH})^2}{(\text{AcCoA})\,(\text{MalCoA})\,(\text{H}^+)\,(\text{Enzym})} = 1{,}95 \times 10^{+5}$$

Acetyl-CoA liegt — die Konstante beträgt $K_{eq} = 1.6 \times 10^{-5}$ — liegt es bei der Reaktion mit Malonyl-CoA (Gl. 4) auf der Seite des Kondensationsprodukts. Das geht aus Messungen von D. OESTERHELT in unserem Laboratorium hervor. Er fand für die Gleichgewichtskonstante dieser Kondensationsreaktion einen Wert von $1.95 \times 10^{+5}$. Hierin liegt der entscheidende Vorteil des Synthesewegs über Malonyl-CoA gegenüber einer Synthese durch Umkehr des Fettsäureabbaus.

Die seit langem bekannte Empfindlichkeit der Fettsäuresynthatase gegenüber Thiolinhibitoren machte SH-Gruppen des Enzyms als Bindungsstellen von Acetyl- und Malonylrest wahrscheinlich[2]. Der experimentelle Nachweis für die Thioesternatur von Acetyl-, Malonyl-, Acetoacetyl- und Caprylenzym gelang uns jetzt unter Ausnutzung der Tatsache, daß Thioester beim Behandeln mit Raney-Nickel zu den entsprechenden Alkoholen reduziert werden (Gl. 5).

Im vorliegenden Fall war es möglich, aus radioaktiv markierten Acyl-Enzymverbindungen durch Reduktion mit Raney-Nickel

$$R_1{-}\overset{\overset{\textstyle O}{\|}}{C}{-}SR_2 \ \xrightarrow{\ \text{Raney-Nickel}\ } \ R_1{-}CH_2OH. \qquad (5)$$

radioaktive Alkohole abzuspalten und als kristallisierte 3.5-Dinitrobenzoate zu charakterisieren.

Zu ähnlichen Ergebnissen gelangten die Arbeitskreise von VAGELOS und WAKIL beim Studium des Fettsäuren synthetisierenden Enzyms aus E. coli[6,7,8,9]. Während hier experimentelle Beweise

dafür vorliegen, daß Essigsäure, Malonsäure und Acetessigsäure an
ein und dieselbe SH-Gruppe gebunden werden können, besitzen die
SH-Bindungsstellen im Enzymkomplex aus Hefe offensichtlich verschiedene Eigenschaften. Wir sprechen daher von Acetyl- und
Malonyl-SH-Gruppen und nehmen an, daß die Acetyl-SH-Gruppen
von N-Äthylmaleinimid angreifbar sind, die Malonyl-SH-Gruppen
dagegen nicht. Dies ist daraus zu entnehmen, daß man die Synthetase durch Vorinkubation mit Acetyl-CoA, nicht dagegen mit Malonyl-CoA, gegen N-Äthylmaleinimid schützen kann. Die gegenüber
N-Äthylmaleinimid empfindliche SH-Gruppe liegt im Falle der
Vorinkubation mit Acetyl-CoA nicht mehr frei, sondern als Essig-
säurethioester vor und ist damit gegenüber dem Angriff des SH-
Giftes geschützt. Demnach scheinen Acetat und N-Äthylmaleinimid
dieselbe SH-Gruppe, Malonat dagegen eine andere zu besetzen. Wir
sprechen unter Deutung dieses unterschiedlichen Verhaltens von
einer hemmbaren „peripheren“ und einer geschützten „zentralen“
SH-Gruppe im aktiven Bereich des Enzyms. Wirkungsgruppen, die
auf Grund der Tertiärstruktur des Proteins gegenüber dem Angriff
von Hemmstoffen sterisch geschützt vorliegen, sind eine in der
Enzymchemie durchaus nicht seltene Erscheinung.

Aus chemischen Überlegungen heraus sollte man erwarten, daß
die Acetessigsäure bei der Kondensationsreaktion an der zentralen
SH-Gruppe gebildet wird (vgl. Abb. 2). Daher muß im Verlauf
oder am Ende der hieran anschließenden Reaktionsfolge, die zur
Verlängerung der Fettsäurekette um eine C_2-Einheit führt, der
Acylrest von der zentralen wieder auf die periphere SH-Gruppe
zurückübertragen werden, damit das Enzym einen neuen Malonylrest aufzunehmen vermag. Diese intramolekulare Acylwanderung
und damit auch die Verlängerung der Fettsäurekette findet so lange
statt, wie ihre Konkurrenzreaktion, die Rückübertragung des Acylrestes auf Coenzym A, mit beträchtlich geringerer Geschwindigkeit
abläuft. Bis zum Erreichen einer Kettenlänge von 16 C-Atomen
ist dies offensichtlich der Fall.

Eine Konsequenz der Theorie von zwei verschiedenen SH-Gruppen für Acetat und Malonat kann man leicht nachprüfen: Acetyl-
beladung und Malonylbeladung des Enzyms sollten sich unabhängig voneinander vollziehen, falls beide Substrate nicht um
dieselbe Acceptorstelle konkurrieren. Wie Tab. 1 zeigt, wird diese
Voraussage durch das Experiment bestätigt. Die beiden CoA-

Derivate waren im Mengenverhältnis 1:1 eingesetzt worden. Weder die Acetyl- noch die Malonylbeladung wird durch die Anwesenheit des anderen Substrats wesentlich beeinflußt. Man hätte bei einem Verhältnis der beiden konkurrierenden Substrate von 1:1 eine

Tabelle 1. *Acetyl- und Methylmalonylbeladung der Synthetase in Gegenwart eines Konkurrenzsubstrates*

Ansatz	IpM incorporiert	
	abs.	rel.
Enzym + MMal*CoA	69 900	100%
Enzym + MMal*CoA + AcCoA (1:1)	71 600	102%
Enzym + Ac*CoA	64 200	100%
Enzym + Ac*CoA + MMalCoA (1:1)	53 400	83%

Jeder Ansatz enthielt in einem Volumen von 2,0 ml:100 μMole Kalium-Phosphatpuffer pH 6,5, 10 mg Synthetase, 0,12 μMole Acyl-CoA-Derivat. Nach 5 min Inkubation bei 22°C Ausfällen des Proteins mit 0,05 ml 3 m Trichloressigsäure. Nach sorgfältigem Auswaschen wurde der Niederschlag in 2,0 ml 0,5 n KOH wieder gelöst und ein Aliquot im Tri-Carb-Szintillations-zähler ausgezählt.

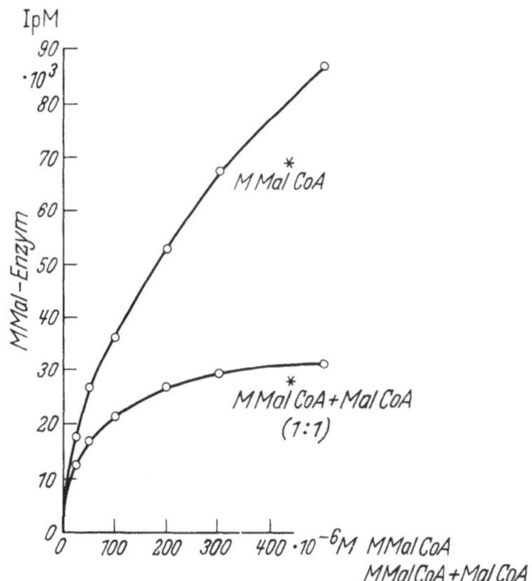

Abb. 4. Hemmung der Methylmalonylenzymbildung durch Malonyl-CoA

Ansatz: 4,6 mg Enzym, 100 μMole K-Phosphat pH 6,5, 10 μMole Cystein, 3-^{14}C-Methylmalo-nyl-CoA in ansteigenden Mengen. Volumen 1,0 ml. Inkubation 5 min bei 0 °C. Nach dem Ausfällen von Methylmalonylenzym mit Trichloressigsäure Auswertung wie wie bei Tab. 1 beschrieben

Erniedrigung um 50% erwartet. Wir verwandten in diesen Versuchen an Stelle von Malonyl-CoA das Modellsubstrat Methylmalonyl-CoA, das mit Acetyl-CoA keine Kondensationsreaktion eingeht. Bei der Beladung des Enzyms hingegen können Malonsäure und Methylmalonsäure einander vertreten. Dies zeigen die Abb. 4 und 5. Einmal wird Methylmalonsäure durch Malonyl-CoA vom Enzym verdrängt (Abb. 4). Zum anderen hemmt Methyl-

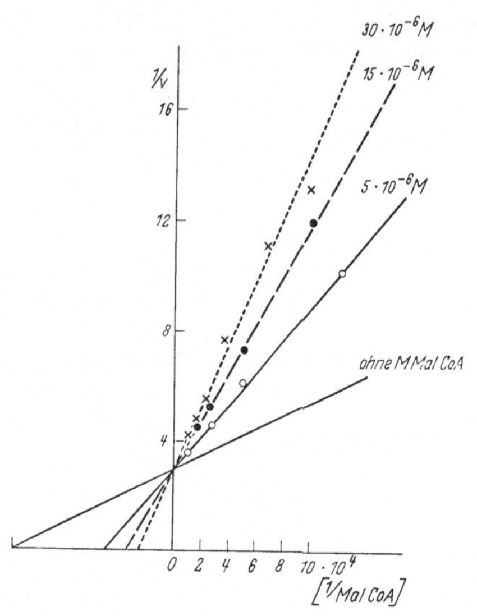

Abb. 5. Hemmung der Fettsäuresynthese durch Methylmalonyl-CoA

Ansatz: 10 γ Enzym, 0,14 μMole Acetyl-CoA, 0,1 μMole TPNH, 0,75 mg Serumalbumin, 200 μMole K-Phosphat pH 6,5, 20 μMole Cystein, Malonyl-CoA und Methylmalonyl-CoA gemäß Abb. 5 Volumen 2,0 ml. Temp. 25 °C. Verfolgung der Reaktion durch die Extinktionsabnahme bei 334 mμ.

malonyl-CoA die Fettsäuresynthese im optischen Test. Wertet man die Ergebnisse nach Lineweaver und Burk aus, so beobachtet man eine Hemmung vom kompetitiven Typ (Abb. 5). Es erscheint daher berechtigt, Methylmalonyl-CoA als Modell für Malonyl-CoA zu verwenden.

Aus der Tatsache, daß N-Äthylmaleinimid und Acetat dieselbe SH-Gruppe am Enzym besetzen, sollte man erwarten, daß ein mit N-Äthylmaleinimid gehemmtes Enzym nicht mehr in der Lage ist, Acetylreste aufzunehmen. Überraschenderweise ist dies jedoch sehr wohl noch der Fall (Abb. 6). Die Vorbehandlung mit N-Äthylmaleinimid reduziert die Beladung des Enzyms mit Acetylresten nur um etwa 30%. Die enzymatische Aktivität dagegen ist auf Null abgesunken. Daß auf der anderen Seite die Methylmalonylbeladung der Synthetase durch N-Äthylmaleinimid in ihrem Aus-

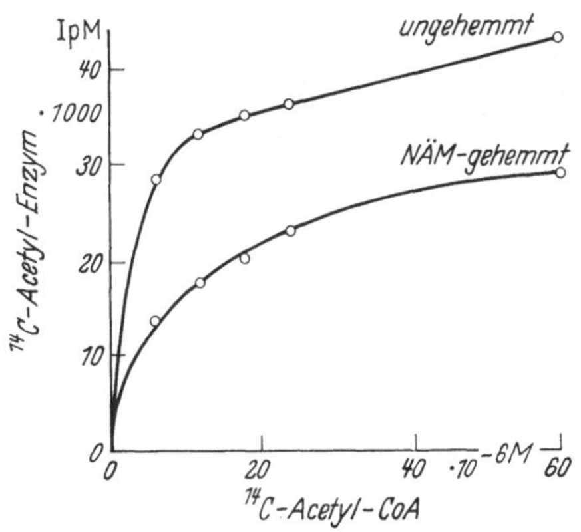

Abb. 6. Acetyl-Beladung der Synthetase

Die Synthetase wurde durch 5 min Inkubation bei 0 °C in m/100 N-Äthylmaleinimid gehemmt und anschließend ein Überschuß Cystein zur Entfernung des restlichen N-Äthylmaleinimids zugegeben. Beladungsansatz: 3,3 mg Enzym, 1-¹⁴C-Acetyl-CoA gemäß Abb. 6, Volumen 1,0 ml. 5 min Inkubation bei 0 °C. Dann Ausfällen von ¹⁴C-Acetylenzym mit 0,05 ml 3 m Trichloressigsäure und Auswertung wie in Abb. 4

maß unbeeinflußt bleibt (Tab. 2), ist dann nicht verwunderlich, wenn wir annehmen, daß Malonat die zentrale, N-Äthylmaleinimid dagegen die periphere SH-Gruppe besetzt.

Tabelle 2. *Methylmalonylbeladung von ungehemmter und NÄM-gehemmter Synthetase*

	¹⁴C-Methylmalonyl-Enzym (IpM/10 mg)
Ungehemmtes Enzym	47 500
NÄM-gehemmtes Enzym	57 700

Hemmung und Beladung der Synthetase wie in Abb. 6.

Verfolgt man die Beladungsverhältnisse quantitativ, so ergibt sich, daß von 1 Mol ungehemmtem Enzym maximal 10 Mole Acetat gebunden werden, nach N-Äthylmaleinimidbehandlung dagegen nur noch 7. Die Reduktion mit Raney-Nickel zeigt, daß das ungehemmte Enzym Acetyl-Thioesterbindungen enthält, das gehemmte dagegen nicht mehr (Tab. 3). Wir schließen daraus, daß nur drei von zehn Acetatresten als Thioester an das Enzym gebunden sind.

Essigsäure wird vom Enzym also offensichtlich an verschiedenen Stellen und in verschiedener Form gebunden. Einmal als Thioester an die „periphere" SH-Gruppe und zum anderen an eine oder mehrere andere Stellen, von denen wir vorerst nur wissen, daß es zumindest teilweise keine SH-Gruppen sind. Es erhebt sich nun die Frage, ob Acetat nur von einer oder von allen Bindungsstellen aus zur Fettsäuresynthese herangezogen werden kann. Es wäre denkbar,

Tabelle 3. *Reduktion von ungehemmtem und NÄM-gehemmtem Acetylenzym mit Raney-Nickel*

	^{14}C-Acetylenzm (IpM)	^{14}C-Äthanol (IpM)
Enzym ohne NÄM	540000	110000
Enzym mit NÄM gehemmt	310000	—

Hemmung und Beladung der Synthetase (21 mg) vgl. Abb. 6. ^{14}C-Acetyl-Enzym wurde nach der Fällung mit 3 m Trichloressigsäure gründlich ausgewaschen, in $\frac{m}{100}$ HCl suspendiert und mit 2 mg Pepsin bei 22 °C inkubiert, bis eine klare Lösung entstanden war. Diese wurde mit $NaHCO_3$ neutralisiert und nach Zusatz von 5 μMolen N,S-Diacetylcystein als Träger mit Raney-Nickel (aus 15 g Ni-Al-Legierung bereitet) über Nacht reduziert. ^{14}C-Äthanol wurde als 3,5-Dinitrobenzoyl-Derivat kristallisiert.

daß das nicht als Thioester vorliegende Acetylenzym ein Artefakt darstellt, das durch nichtenzymatische Transacylierungsreaktionen entsteht. Ein Acetylthioester — sei es der CoA- oder der Enzymthioester — könnte eventuell unter dem Angriff besonders nucleophiler Zentren des Proteins, etwa freier NH_2-Gruppen, gespalten werden, wobei der Acetylrest auf Stellen am Protein übertragen wird, auf denen er vom weiteren enzymatischen Prozeß der Fettsäuresynthese ausgeschlossen ist. Diese Vermutung hat sich jedoch nicht bestätigt, da alles enzymgebundene Acetat in höhere Fettsäuren eingebaut werden kann. Wenn man mit radioaktivem Acetat beladenes Enzym über Sephadex isoliert und durch Zugabe von TPNH und Malonyl-CoA die Fettsäuresynthese startet, so findet man nach kurzer Zeit alle Radioaktivität in höheren Fettsäuren wieder. Es müssen also reversible Übergänge zwischen den verschiedenen Arten von Acetyl-bindungsstellen bestehen, und zwar entweder direkte Übergänge am Enzym oder indirekte über das bei der Fettsäuresynthese stets anwesende CoASH als Acylzwischenträger. Denn eine Rückübertragung der Essigsäure auf Coenzym A ist, wie sich gezeigt hat, von beiden Bindungsstellen des Acetyl-Enzyms — dem Thioester wie dem Nicht-Thioester — leicht möglich. Abb. 7 zeigt einen entsprechenden Versuch, in dem Acetylenzym mit steigenden Mengen CoASH inkubiert wurde. Es ist daraus eindeutig zu entnehmen, daß alle Acetatreste reversibel an das Enzym gebunden sind.

Eine Auswirkung dieser Tatsache ist der schon früher festgestellte Rückgang der Fettsäuresynthese bei Zusatz von freiem Coenzym

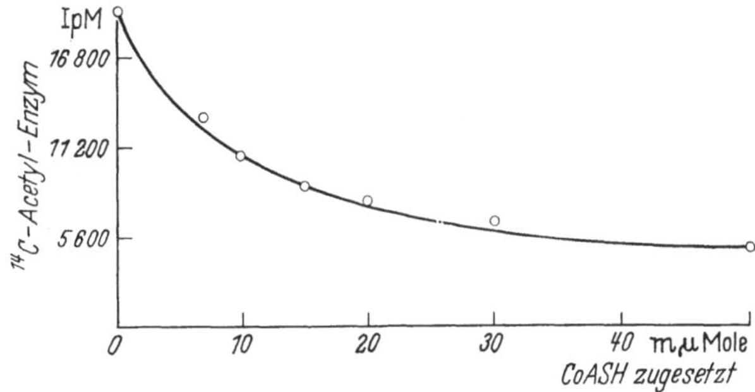

Abb. 7. Acetatrückübertragung vom Enzym auf Coenzym A

Ansatz: 1 mg Synthetase, 100 μMole K-Phosphat pH 6,5, 5 μMole Cystein, 10 μMole 1-^{14}C-Acetyl-CoA (spez. Akt. 1,33 × 10^7 Ipm/μMol), Coenzym A gemäß Abb. 7, Volumen 0,65 ml. Nach 5 min Inkubation bei 0 °C Ausfällen mit Trichloressigsäure und Bestimmung von ^{14}C-Acetylenzym (vgl. Abb. 4)

A. Diese Hemmung ist formal aus der Reaktionsgleichung (vgl. Gl. 2) verständlich, in der Coenzym A als Reaktionsprodukt erscheint. Die verantwortliche Teilreaktion für die Verringerung der Syntheserate ist jedoch die Kondensationsreaktion, denn die Bildung von Acetacetylenzym wird von der Coenzym-A-Konzentration in gleicher Weise beeinflußt wie die Geschwindigkeit der Gesamtreaktion (Abb. 8). Tiefere Ursache für die Beeinträchtigung der Kondensation wiederum ist die reversible Zurückdrängung der einleitenden Acylbeladung des Enzyms durch freies Coenzym A.

Die oben erwähnten 3 Acetylreste, die an 1 Molekül Synthetase als Thioester gebunden sind, sprechen für 3 periphere SH-Gruppen pro Molekül Enzym. Diese Zahl 3 begegnet uns auch noch in anderem Zusammenhang: 1 Mol Enzym enthält maximal 3 Mole

Acetessigsäure, und auch die Beladung mit Malonsäure führt zu 3 Malonylresten pro Mol Enzym. Demnach besitzt das Enzym neben den 3 peripheren ebenfalls 3 zentrale SH-Gruppen. Weiterhin befinden sich nach bisherigen Untersuchungen in der Synthetase 3 Moleküle FMN und die Endgruppenanalyse mit 2,4-DNFB ergibt 7 Aminoendgruppen, von denen jede wiederum 3mal in 1 Mol Enzym vorkommt[10]. Wir nehmen daher an, daß es sich bei dem Multienzym-

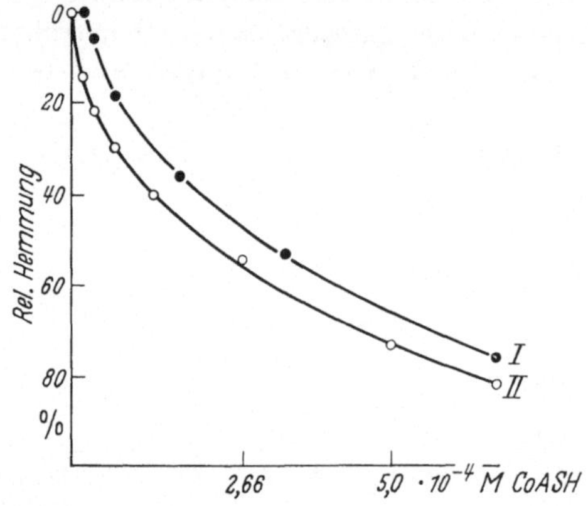

Abb. 8. Hemmung von Fettsäuresynthese (II) und Kondensationsreaktion (I) durch Coenzym A.

Ansatz: a) Kondensationsreaktion (I): 100 μMole K-Phosphat pH 6,5, 4,6 mg Synthetase, 15 μMole Cystein, 0,04 μMole 1-^{14}C-Acetyl-CoA, CoASH vgl. Abb. 8, Start der Reaktion mit 0,125 μMolen Malonyl-CoA. Volumen 1,5 ml Inkubationszeit 2 min. Danach Stop der Reaktion durch Zugabe von 0,1 ml. 3 m Trichloressigsäure. ^{14}C-Acetacetylenzym wurde mit KOH hydrolysiert und die Acetessigsäure als Aceton-2,4-Dinitrophenylhydrazon bestimmt. b) Synthetasetest (II): 100 μMole K-Phosphat pH 6,5, 10 γ Enzym, 0,14 μMole Acetyl-CoA, steigende Mengen CoASH gemäß Abb. 8, 0,1 μMol TPNH, 0,75 mg Serumalbumin, 20 μMole Cystein, Start mit 0,125 μMolen Malonyl-CoA, Volumen 1,5 ml. Es wurde die Extinktionsabnahme bei 334 mμ verfolgt

komplex aus Hefe um ein Trimeres handelt, dessen Monomere aus 7 Untereinheiten bestehen. Die 7 Untereinheiten sind dabei eventuell die Einzelenzyme, welche die 7 Teilreaktionen des Gesamtprozesses katalysieren (vgl. Abb. 2). Diese Annahme muß aber experimentell noch weiter abgesichert werden.

Versuche, die wir in letzter Zeit unternahmen, hatten zum Ziel, das Vorliegen von verschiedenen Acceptorstellen in der Synthetase durch Peptidanalyse der aktiven Zentren sicherzustellen. Vor allem waren wir daran interessiert, auf diesem Wege den unterschiedlichen Charakter von peripherer und zentraler SH-Gruppe eindeutig zu beweisen. Zu diesem Zweck beluden wir das Enzym in verschie-

denen Versuchsreihen mit radioaktiver Essigsäure, Methylmalonsäure oder Acetessigsäure. Der anschließende proteolytische Abbau
führte zu den entsprechenden radioaktiven Acetyl-, Methylmalonyl-
bzw. Acetacetylpeptiden, deren Reinigung und Strukturaufklärung
wir unternahmen. Ausgehend von Methylmalonylenzym gelang es
uns, ein Methylmalonylpeptid zu isolieren, das nach Oxydation mit
Perameisensäure im Aminosäureanalysator eine Ninhydrinfärbung
an der Stelle von Taurin, dem Oxydationsprodukt von Cysteamin
aufwies, während Cysteinsäure, das Oxydationsprodukt von Cystein,
nur in Spuren auftrat. Träger der zentralen SH-Gruppe ist also
offenbar das Cysteamin. Zu ähnlichen Ergebnissen kamen die
Arbeitskreise von VAGELOS und WAKIL mit dem fettsäuresynthe-
tisierenden Enzymsystem aus E. coli[11,12]. Dieses Enzym enthält
als aktives Zentrum ein kochstabiles Polypeptid vom Mol.-Gew.
9000, das sog. acyl carrier protein (ACP), das Essigsäure, Malonsäure und Acetessigsäure als Thioester zu binden vermag und mit
dem die zentrale SH-Gruppe tragenden Bauelement unseres Multienzymkomplexes zu vergleichen ist. Die amerikanischen Autoren
konnten nachweisen, daß Cysteamin im ACP die einzige SH-
Verbindung ist.

Während es im Falle des coli-Enzyms gelang, das Cysteamin als
Bestandteil von 4'-Phosphopantethein zu identifizieren[13], welches
als Wirkungsgruppe mit dem ACP verbunden ist, bleibt für den
Enzymkomplex aus Hefe die Bindung des Cysteamins an das Peptid
vorerst noch unklar*.

Im Gegensatz zum proteolytischen Abbau des Methylmalonyl-
enzyms, bei dem nur zwei radioaktiv markierte Spaltstücke entstehen, enthält das peptische Spaltgemisch des Acetacetyl-
enzyms eine verwirrende Vielzahl verschiedener Acylpeptide.
Es sind zum Teil Acetyl-, zum anderen Teil Acetacetylpeptide.
Denn zur Darstellung von markiertem Acetacetylenzym inku-
bieren wir Synthetase mit ^{14}C-Acetyl-CoA und unmarkiertem
Malonyl-CoA. Das Enzym belädt sich dabei maximal mit drei Acet-
acetylresten an der zentralen SH-Gruppe, während sich davon
unbeeinflußt an der peripheren SH-Gruppe und anderen Acceptorstellen die Beladung mit Acetat vollzieht. Man erhält also stets ein

---

* Anmerkung bei der Korrektur: In der Zwischenzeit von uns durch-
geführte Versuche erbrachten auch für die Hefe-Synthetase den Nachweis
für das Vorliegen von 4'-Phosphopantethein als zentrale Wirkungsgruppe.

gemischtes Acetyl/Acetacetyl-Enzym. Aus dem durch Abbau mit Pepsin und Subtilisin entstehenden Peptidgemisch isolierten wir schließlich zwei verschiedene Acetacetylpeptide. Eines enthielt Cysteamin und zeigte die schon vom Abbau des Methylmalonyl-enzyms her bekannte Aminosäurezusammensetzung. Das andere Peptid enthielt kein Cysteamin, sondern Cystein als einzige SH-Verbindung, so daß eine Bindung der Acetessigsäure außer an Cysteamin auch an Cystein möglich zu sein scheint. Bei dem einen cysteaminhaltigen Peptid handelt es sich offenbar um das Peptid mit der zentralen SH-Gruppe, da es sowohl den Methylmalonyl- wie auch den Acetacetylrest trägt. In dem anderen cysteinhaltigen Peptid könnte dagegen die periphere SH-Gruppe vorliegen. Erklär-bar wäre dieser Befund, wenn man annimmt, daß die Übertragung des Acylrestes von der zentralen zur peripheren SH-Gruppe nicht erst auf der Stufe der gesättigten Säuren, sondern möglicherweise schon auf der Stufe der Ketosäuren stattfindet. Wir können diese Vermutung allerdings nur mit Vorbehalt äußern, da wir über die chemische Struktur der Acetylpeptide noch zu wenig wissen. Ihre Kenntnis sowie diejenige des Bindungsortes der Zwischenprodukte der Fettsäuresynthese wird uns weiteren Aufschluß über den Me-chanismus des Reaktionsablaufes am Multienzymkomplex liefern.

Die Entdeckung des 4'-Phosphopantetheins als Wirkungs-gruppe im Enzymsystem aus E. coli ermöglicht für das bakterielle Enzymsystem eine Theorie des Reaktionsmechanismus, die even-tuell auch darüber hinaus Gültigkeit für Fettsäuresynthetasen anderer Herkunft, etwa für diejenige aus Hefe, besitzt. Danach liegt die Sulfhydrylgruppe des Cysteamins nicht starr im Protein-gerüst verankert vor, sondern verfügt am freien Ende eines flexiblen Armes — des über eine Phosphatbrücke mit dem Protein verbun-denen Pantetheins — über eine gewisse Beweglichkeit. Eine solche Beweglichkeit käme der Funktion der zentralen SH-Gruppe, die mit ihr verbundenen Acylreste zwischen verschiedenen Enzymen des Multienzymkomplexes herumzureichen, besonders entgegen.

Wir können die geschilderten Ergebnisse in folgender Weise zusammenfassen: Die Fettsäuresynthetase aus Hefe besitzt offenbar mehrere, chemisch voneinander verschiedene, Acylbindungsstellen: Eine cysteinhaltige periphere SH-Gruppe, eine cysteaminhaltige zentrale SH-Gruppe sowie außerdem noch nicht-thiolartige Bin-dungsstellen. In dieser Eigenschaft unterscheidet sie sich von dem

Enzym aus E. coli, welches in dem Acyl-Carrier-Protein über eine universelle Acylbindungsstelle zu verfügen scheint. Unterschiede zwischen den beiden Enzymsystemen bestehen auch noch in anderer Hinsicht. Am auffälligsten ist die kompakte Struktur der Fettsäuresynthetase aus Hefe auf der einen Seite und das lockere Gefüge des Enzymsystems aus den Bakterien. Dort gelingt es mit den üblichen Methoden der Proteinfraktionierung, eine Auftrennung in die verschiedenen Einzelenzyme zu erreichen[14,15]. Inwieweit neben solcher Unterschiedlichkeit doch noch eine funktionelle Gemeinsamkeit die verschiedenen Multienzymkomplexe der Fettsäuresynthese verbindet, müssen kommende Untersuchungen klären. Vor allem wird man unter diesem Gesichtspunkt einer detaillierteren Analyse des Enzymsystems aus tierischem Gewebe und aus Pflanzen mit besonderem Interesse entgegensehen.

Literatur

[1] LYNEN, F., I. HOPPER-KESSEL und H. EGGERER, Biochem. Z. **340**, 95 (1964).

[2] — Fed. Proc. **20**, 941 (1961).

[3] — Im Symposium Redoxfunktionen cytoplasmatischer Strukturen. Gemeinsame Tagung der Deutschen Gesellschaft für Physiologische Chemie und der Österreichischen Biochemischen Gesellschaft, Wien 26. bis 29. September 1962.

[4] — Sitzungsbrichte der Bayerischen Akademie der Wissenschaften, München, 4. März 1960.

[5] — Fed. Proc. **12**, 683 (1953).

[6] GOLDMAN, P., A. W. ALBERTS, and P. R. VAGELOS, Biochem. biophys. Res. Commun. **5**, 280 (1961).

[7] — — — J. biol. Chem. **238**, 3579 (1963).

[8] MAJERUS, P. W., A. W. ALBERTS, and P. R. VAGELOS: Proc. nat. Acad. Sci. (Wash.) **48**, 840 (1962).

[9] WAKIL, S. J., E. L. PUGH, and F. SAUER, Proc. nat. Acad. Sci. (Wash.) **52**, 106 (1964)

[10] HAGEN, A.: Dissertation, München 1963.

[11] MAJERUS, P. W., and P. R. VAGELOS: Fed. Proc. **24**, 290 (1965).

[12] SAUER, F., E. L. PUGH, S. J. WAKIL, R. DELANAY, and R. L. HILL, Proc. nat. Acad. Sci. (Wash.) **52**, 1360 (1964).

[13] MAJERUS, P. W., A. W. ALBERTS, and P. R. VAGELOS: Proc. nat. Acad. Sci. (Wash.) **53**, 410 (1965).

[14] TOOMEY, R. E., M. WAITE, I. P. WILLIAMSON, and S. J. WAKIL: Fed. Proc. **24**, 290 (1965).

[15] ALBERTS, A. W., P. W. MAJERUS, B. TALAMO, and P. R. VAGELOS: Biochemistry **3**, 1563 (1964).

Der Stoffwechsel der Polyensäuren

Von W. Stoffel

Physiologisch-Chemisches Institut der Universität Köln

Mit 11 Abbildungen

Auf dem 3. Mosbacher Colloquium vor 13 Jahren berichtete Klenk[1,2] zum ersten Male über die in seinem Arbeitskreis durch

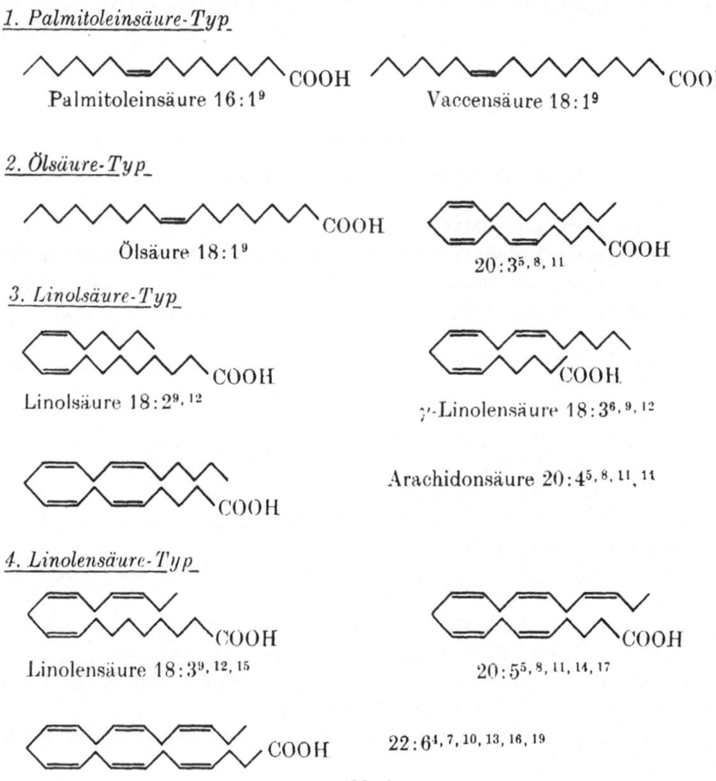

Abb. 1

geführten systematischen Untersuchungen über die Strukturen der hochungesättigten Fettsäuren. Die chemischen Strukturanalysen

wurden in den darauf folgenden Jahren vervollständigt, so daß
heute eine systematische Einordnung der auf den ersten Blick ver-
wirrenden Vielzahl von in der Natur vorkommenden Polyensäuren
nach chemischen Gesichtspunkten möglich ist. Diese langkettigen
Monocarbonsäuren mit 16 bis 22 C-Atomen und 2 bis 6 Doppelbindungen (Abb. 1) teilt man nach der Anzahl C-Atomen des
Methylendes in Polyenfettsäuren vom 1. Palmitoleinsäure- mit
7 C-Atomen, 2. Ölsäure- mit 9 C-Atomen, 3. Linolsäure- mit
6 C-Atomen und 4. Linolensäuretyp mit 3 C-Atomen ein. Die von
der Palmitolein- und Ölsäure sich ableitenden Säuren synthetisiert
die tierischen Zelle der novo, indem zunächst die Kohlenstoffkette
aufgebaut wird und dann erst die Doppelbindungen eingeführt
werden. Diese beiden Gruppen treten normalerweise vollkommen
hinter die Polyenfettsäuren vom Linol- und Linolensäuretyp, die
sich von diesen sog. essentiellen Fettsäuren ableiten und mit der
Nahrung aufgenommen werden, zurück. In der aufsteigenden
Tierreihe treten die hochungesättigten Fettsäuren vom Linolensäuretyp hinter die vom Linolsäuretyp zurück[2]. Bemerkenswert
ist ferner, daß meist die Polyenfettsäure mit der größtmöglichen
Zahl von Doppelbindungen innerhalb des Typs bei gegebener
Kettenlänge am häufigsten vorkommt. Diese Doppelbindungssysteme besitzen *all cis-Konfiguration*. Durch eine Methylengruppe
isoliert angeordnet bilden sie 1,4 olefinische Systeme, die im Poly-
allyl-Rhythmus angeordnet sind. Dadurch wird die für die
hochungesättigten Fettsäuren charakteristische Neigung zu Licht-,
Temperatur- und Sauerstoff katalysierten Radikalreaktionen, die
zu Isomerisierungen und Polymerisierungen führen, bedingt.

In der tierischen Zelle liegen die Polyenfettsäuren, wie in der
nächsten Abb. 2 gezeigt wird, überwiegend als Acylkomponenten
der Phospholipoide und in geringerem Maße der Cholesterinester
vor, in marinen Lebewesen meist in den Triglyceriden (Abb. 2).
Sie besetzen in den Phospholipoiden die β-Stellung am L-α-Glycero-
phosphat, während die α'-Stellung durch die gesättigten und
Monoensäuren acyliert ist.

An diese Strukturaufklärungen schlossen sich Untersuchungen
über den Stoffwechsel der Polyenfettsäuren im Tierversuch an, die
hauptsächlich in den Laboratorien von KLENK, MEAD, BERNHARD
und LUNDBERG durchgeführt wurden. Die Ergebnisse dieser *in-vivo-
Versuche* und die strukturellen Beziehungen der Polyenfettsäuren

untereinander forderten zu *systematischen Untersuchungen in vitro über die Biosynthese und den biologischen Abbau der hochungesättigten Fettsäuren* auf. Über die bisherigen Ergebnisse unserer Untersuchun-

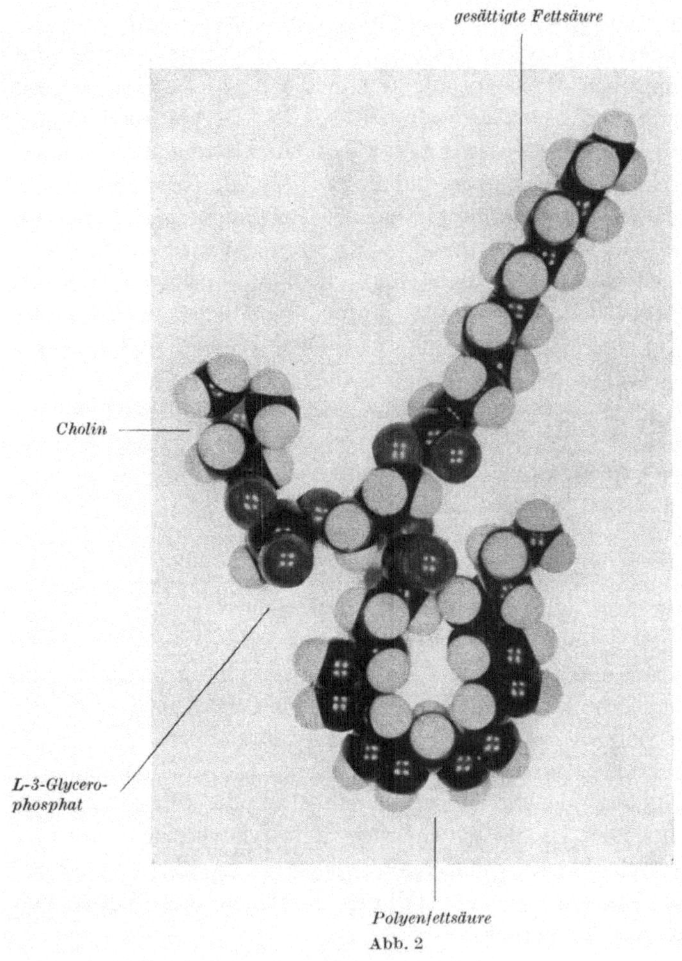

Abb. 2

gen möchte ich nun zusammenfassend berichten und mich dabei auf den Intermediärstoffwechsel der tierischen Zelle beschränken.

Erst die Entwicklung neuer mikroanalytischer und präparativ organisch-chemischer Methoden in Verbindung mit der Isotopentechnik erlaubten uns, die genannten Fragenkomplexe anzugehen[3]. Ein wesentlicher Unterschied zu den Untersuchungen über den Stoffwechsel der gesättigten Fettäsuren ist nicht allein in den durch die chemische Struktur bedingten Eigenschaften der Polyensäuren zu sehen. Vielmehr ist es die Tatsache, daß keine schlüssigen Aussagen ohne die exakte Strukturbestimmung der Reaktionsprodukte jedes unserer in-vitro-Versuche gemacht werden kann. Diese Analytik auf der μ Mol-Skala aber wurde durch die methodischen Fortschritte der letzten Jahre ermöglicht.

I. Biosynthese der Polyenfettsäuren

Die wegweisenden in-vivo-Untersuchungen von KLENK[4] und MEAD[5] hatten gezeigt, daß Ratten 1-^{14}C-Acetat vor allem in den Carboxylteil der C_{20} und C_{22}-Polyensäuren einbauen und daß mit dieser Kettenverlängerung die Einführung weiterer Doppelbindungen einhergeht. MEAD konnte durch Verfütterung markierter Linol- und γ-Linolensäure nachweisen, daß die Arachidonsäure von Linol- über γ-Linolensäure und bis-Homo-γ-Linolensäure gebildet wird und die α-Linolensäure als Ausgangsverbindung der C_{22}-Hexaensäure dient.

Die Untersuchungen über die Biosynthese der hochungesättigten Fettsäuren wurde in zwei Teilreaktionen aufgegliedert, in 1. die Kettenverlängerung und 2. die stereo- und stellungsspezifische Einführung olefinischer Bindungen.

1. Die Kettenverlängerungsreaktion

Vor einigen Jahren postulierte WAKIL[6] ein *in den Mitochondrien lokalisiertes ,,chain elogation system"*, das Acetyl-CoA zur Kettenverlängerung langkettiger Acyl-CoA-Ester benötigten und auch am Aufbau der Polyensäuren beteiligt sein soll. Das Wakilsche mitochondriale System dürfte im wesentlichen aus den Enzymen der β-Oxydation bestehen. Unsere Versuche, mit Hilfe dieses ,,chain elongation system", von Linolyl- oder γ-Linolenyl-CoA und Acetyl-CoA ausgehend, zu den entsprechenden $C_{2)}$-Dien- und Triensäuren zu gelangen, waren jedoch völlig erfolglos.

Auch die Fettsäure-Synthetase* aus Hefe kann die genannten Coenzym-A-Ester nicht als Substrate verwerten.

---

* Ich danke Herrn Prof. F. LYNEN für die freundliche Überlassung der Hefe-Fettsäuresynthetase.

Es gelang uns dann, ein an das *endoplasmatische Reticulum* gebundenes Enzymsystem für die Kettenverlängerung langkettiger Acyl-CoA-Ester zu isolieren, das nicht Acetyl-CoA, sondern *ausschließlich Malonyl-CoA* für diese Reaktion verwendet. Die Reduktionsäquivalente werden vom *NADPH* bereitgestellt.

Nach der folgenden Gleichung wird z. B. γ-Linolenyl-CoA in die bishomologe $20:3^{8,\,11,\,14}$-Säure umgewandelt:

$$\gamma\text{-}18:3^{6,\,9,\,12}\text{-CoA} + \text{Malonyl-CoA} + 2\,\text{NADPH} + 2\,\text{H}^+ \longrightarrow$$
$$20:3^{8,\,11,\,14}\text{-CoA} + CO_2 + 2\,\text{NADP}^+ + H_2O$$

Die Stöchiometrie entspricht der *eines* Umlaufs an der Fettsäuresynthetase und kann aus dem NADPH-Verbrauch unter *anaeroben Bedingungen* und dem Verhältnis der in der $20:3$-Säure befindlichen, aus dem Substrat $1\text{-}^{14}C$-γ-Linolenyl-CoA stammenden Radioaktivität ermittelt werden. In dieser Reaktion kann weder das Malonyl-CoA durch Acetyl-CoA noch das NADPH durch NADH ersetzt werden.

Das Prinzip der Kettenverlängerungsreaktion der langkettigen Acyl-CoA-Ester entspricht also dem der Fettsäuresynthetase-Reaktion. Beide Enzymsysteme unterscheiden sich jedoch in folgenden Eigenschaften:

a) Die Fettsäuresynthetase ist im *Cytoplasma* lokalisiert, während das kettenverlängernde Enzymsystem an das *endoplasmatische Reticulum* gebunden ist.

b) Unser Enzym führt keine de novo-Synthese gesättigter Fettsäuren von Acetyl- und Malonyl-CoA ausgehend durch. Seine Substrate sind allein langkettige Acyl-CoA-Ester und Malonyl-CoA.

c) Das kettenverlängernde Enzym besitzt *Lipoproteid-Struktur*, während nach den Untersuchungen Lynens[7] die Hefesynthetase lipoidfrei ist. Phospholipase A und Natrium-Desoxycholat führen zur Desaktivierung. Es ist uns nun gelungen, Lipoid und Protein des Komplexes zu trennen. Das Protein allein ist völlig inaktiv. Durch Rekombination mit dem cytoplasmatischen Lipoid, das zu 60% aus Lecithin, 20% Kephalin, 10% Inositphosphatid und etwa 10% Sphingomyelin besteht, konnte bisher eine Reaktivierung des Enzyms auf etwa 30% erzielt werden.

Wir studierten die Kettenverlängerung mit einer Reihe von synthetischen, markierten Polyenfettsäuren, die überwiegend unter den Öl-, Linol- und Linolensäuretyp einzuordnen sind und sich in der Zahl der Doppelbindungen, der Kettenlänge und Struktur des Carboxylendes unterscheiden, andere stellten jedoch Modelsubstanzen mit modifiziertem Methylende dar. Diese Verbindungen sollten uns einen Einblick in die Beziehung zwischen Struktur des

Tabelle 1

Substrate 1-^{14}C-Fettsäure	Reaktionsprodukte	Kettenverlängerung %
I. Linolsäuretyp		
$16:2^{7,10}$	$18:2^{9,12}$	65
	$18:3^{6,9,12}$	
$16:3^{4,7,10}$	$18:3^{6,9,12}$	80
	$20:3^{8,11,14}$	
	$20:4^{5,8,11,14}$	
$18:2^{9,12}$	$20:2^{11,14}$	25
	$20:4^{5,8,11,14}$	
$18:3^{6,9,12}$	$20:3^{8,11,14}$	80
	$20:4^{5,8,11,14}$	
$20:3^{8,11,14}$	$20:4^{5,8,11,14}$	15
	$22:3^{10,13,16}$	
	$22:4^{7,10,13,16}$	
$20:4^{5,8,11,14}$	$22:4^{7,10,13,16}$	40
	$22:5^{4,7,10,13,16}$	
II. Linolensäuretyp		
$18:3^{9,12,15}$	$20:3^{11,14,17}$	10
$18:4^{6,9,12,15}$	$20:4^{8,11,14,17}$	65
	$20:5^{5,8,11,14,17}$	
III. Ölsäuretyp		
$18:1^{9}$	$20:1^{11}$	10
$18:2^{6,9}$	$20:2^{8,11}$	70
	$20:3^{5,8,11}$	
$20:1^{11}$	$22:1^{13}$	5
	$22:2^{10,13}$	
IV. Isomere		
$18:3^{8,11,14}$	$20:3^{10,13,16}$	5
	$20:4^{7,10,13,16}$	
iso-$18:3^{6,9,12}$	iso-$20:3^{8,11,14}$	60
	iso-$20:4^{5,8,11,14}$	

Substrats und der Kettenverlängerungsreaktion geben. Die folgende Tab. 1 faßt die Ergebnisse zusammen.

Wir entnehmen daraus, daß *die Struktur des Methylendes des Moleküls keinen Einfluß auf die Kettenverlängerung ausübt.* Vergleicht man nämlich die γ-Linolensäure, die $18:4^{6,9,12,15}$ vom Linolensäuretyp, die $18:2^{6,9}$ vom Ölsäuretyp und die iso-$18:3^{6,9,12}$ mit

einer termischen Isopropylgruppe, also Verbindungen mit gleichem
Carboxylende jedoch unterschiedlichem Methylende, so sieht man,
daß diese Verbindungen nach dem vorher erläuterten Mechanismus
in gleicher, hoher Ausbeute (60 bis 80%) in die C_{20}-Homologen
umgewandelt werden.

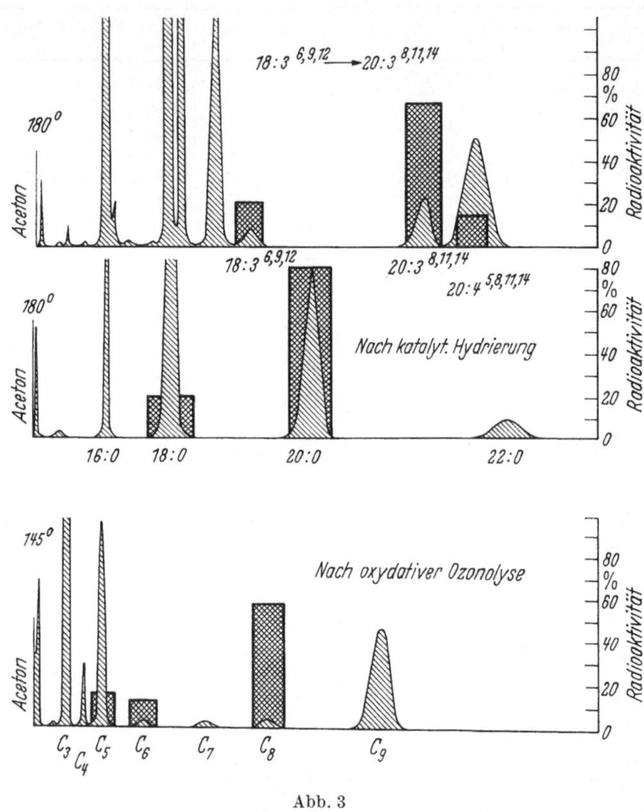

Abb. 3

　　Anders hingegen ist der *Einfluß des Carboxylendes* und der *Kettenlänge der Polyenfettsäure*. Verbindungen mit einem Carboxylende
von drei bis fünf CH_2-Gruppen zwischen Carboxylgruppe und erster
Doppelbindung werden in hoher Ausbeute (40 bis 80%) durch
Malonyl-CoA verlängert. Es ist völlig belanglos, welchem Typ sie
angehören, wie die Beispiele der 18:2[6,9], 18:3[6,9,12] und 18:4[6,9,12,15]
beweisen. Längere Carboxylenden bedingen jedoch einen raschen
Abfall der Ausbeute. Als Beispiel seien Öl-, Linol-, Linolensäure,

Eicosen-11-säure und die 18:3[8,11,14] angeführt. Unter aeroben Bedingungen wird hier durch Einführung einer Doppelbindung zunächst das für die Kettenverlängerung erforderliche Carboxylende geschaffen. Optimale Kettenverlängerung erfolgt an Substraten mit *16 und 18-C-Atomen* zu den C_{20}-Homologen. C_{20}-Polyensäuren werden auch bei geeignetem Carboxylende, wie die Beispiele 20:4[5,8,11,14] und das hier nicht aufgeführte 20:3[5,8,11] zeigen, in geringerer Ausbeute verlängert.

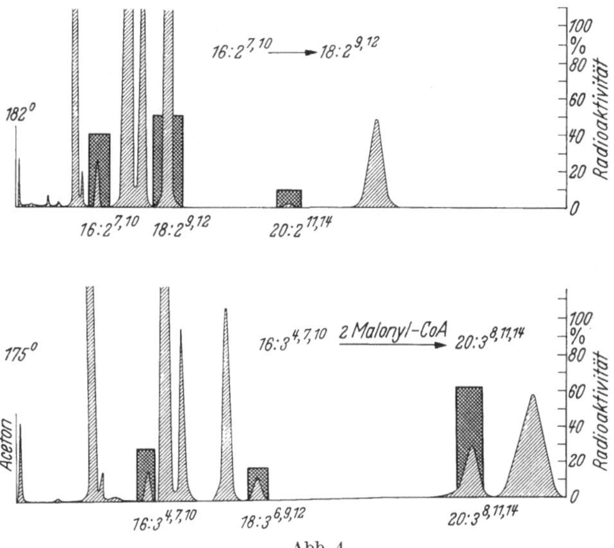

Abb. 4

Die nächste Abb. 3 soll die Kettenverlängerungsreaktion der γ-Linolensäure zur 20:3[8,11,14] kurz illustrieren. Der obere Teil der Abbildung gibt die radiogaschromatographische Analyse des Gesamtestergemisches der Inkubation wieder, darunter die nach der katalytischen Hydrierung und der unterste Abschnitt die Dimethylester der bei dem oxydativen Ozonidabbau der Polyensäuren entstehenden Dicarbonsäuren.

Das kettenverlängernde Enzymsystem vermag geeignete Substrate mit 16 C-Atomen zu Linol- oder γ-Linolensäure bzw. bei der geeigneten Malonyl-CoA-Konzentration durch zweimalige Verlängerung aus 16:3[4,7,10] die 20:3[8,11,14] zu bilden. So wird, wie die folgende Abb. 4 zeigt, 1-[14]C-16:2[7,10] in 50%iger Ausbeute zu Linolsäure und 10% zu 20:2[11,14] umgewandelt.

Der Grund dafür, daß die Linol- und Linolensäure für die tierische Zelle essentiell sind, besteht in der Unfähigkeit des Enzymsystems der tierischen Zelle, zwischen der in Stellung 9 und 10 befindlichen Doppelbindung und der terminalen Methylgruppe eine bzw. zwei Doppelbindungen in Homoallylstellung einzuführen, eine Reaktion, die das Enzymsystem der Pflanze und der Pilze[8] durchführt.

Wir kämen damit zum zweiten Problem der Polyensäurebiosynthese.

2. Einführung der olefinischen Bindungen in Polyenfettsäuren

Das Charakteristische dieser Reaktion ist die Einführung einer olefinischen Doppelbindung mit cis-Konfiguration in eine vorgebildete Kohlenstoffkette in Homoallylstellung zu einer schon im Molekyl vorhandenen Doppelbindung. Eine Reihe von Dehydrogenase-Reaktionen sind bekannt, die zur Bildung von Doppelbindungen führen, die in Konjugation zu einer aktivierenden Gruppe, wie Thioester-Gruppen, Carbonyl-Gruppen und Doppelbindungen, stehen und *trans-Konfiguration* besitzen. Beispiele hierfür sind die Bernsteinsäure-, 3-Ketosteroid- und die Acyldehydrogenase-Reation. Es handelt sich bei diesen Enzymen meist um Flavoproteide.

Die Einführung einer cis-olefinischen Doppelbindung in Homoallylstellung, also zwischen zwei nicht aktivierte Kohlenstoff-Atome, erweist sich als eine für den Biochemiker neuartige Reaktion, die auch in der klassischen Chemie kein Pendant hat.

Es soll vorweg betont werden, daß wir den Mechanismus der Olefinierungsreaktion in Polyenfettsäuren ebenso wenig kennen wie den der Einführung der ersten Doppelbindung in eine gesättigte Fettsäure, ein Problem, das von K. Bloch an der Palmitin- und Stearinsäure untersucht wird.

Für die Bildung der Doppelbindung, die eine Eliminierung zweier Wasserstoffatome über einen Radikalmechanismus oder einen Ionenmechanismus unter Austritt eines Hydridions und eines Protons darstellt, können mehrere Reaktionstypen der nicht-klassischen organischen Chemie diskutiert werden. Ich möchte nur auf die von Prelog[9] entdeckte transanulare Hydridverschiebung auf ein Carbonium-Ion oder die von Winstein[10] beschriebenen Substitutions-Reaktionen an homoallylischen C-Atomen in Strukturen mit starrer Konformation hinweisen. Erwähnenswert sind auch die Befunde von DALE[11] über Isomerisierungen von 1,5-Cyclodecadienen, die nie zu konjugierten Systemen, sondern vorwiegend zu 1,4-Systemen führen. Alle diese Beobachtungen sind bisher nur an bi- oder makrocyclischen Verbindungen mit besonderer, starrer Konformation gemacht worden. Polyenfettsäuren sind jedoch aliphatische Verbindungen, so daß diese Mechanismen auf den ersten Blick irrelevant erscheinen. Stuart-Modelle zeigen jedoch, daß Polyenfettsäuren makrocyclischen Molekülen ähnliche Konformationen einnehmen können, wobei die Enzymoberfläche ihren weiteren Beitrag leisten könnte. Ob und wie weit solche Überlegungen dem Experiment nützlich sein werden, kann noch nicht beurteilt werden, da ihre Prüfung bisher experimentell noch nicht möglich ist.

Die Olefinierungs-Reaktion ist absolut von *molekularem Sauerstoff abhängig* und künstliche Elektronenacceptoren wie Dichlorphenol-Indophenol, Methylenblau, Kaliumferricyanid, Phenazinmethosulfat usw. sind völlig unwirksam. So haben wir auch eine den Oxygenase-Reaktionen[12] verwandte Reaktion in Betracht gezogen. Nach WARBURG tritt Sauerstoff immer an ein Schwermetall gebunden in die Oxygenase-Reaktion ein. HAYAISHI definiert diesen „aktivierten Sauerstoff" als Perferryl-Ion $Fe^{++}O^-_2$. Gegen eine solche Reaktion sprechen jedoch unsere Befunde: weder Cyanidionen noch o-Phenanthrolin, das Fe^{++} komplex bindet, hemmen die Reaktion.

Wir zogen eine andere Möglichkeit für den Aufbau des Polyallylsystems in Betracht, nämlich die *Stellungsisomerisierung eines 1,3- in ein 1,4-Diensystem*. Die Einführung konjugierter Doppelbindungen durch Flavoproteide sind von der Biosynthese der Carotinoide her bekannt.

Dabei würde eine Doppelbindung, die in Konjugation zu einer schon vorhandenen Doppelbindung steht, durch Isomerisation in Homoallyl-Stellung treten, eine Reaktion, die nur eine Energieschranke von 3,7 Kcal zu überwinden hätte. Wir untersuchten diese Möglichkeit der Isomerisierung im in-vivo- und in-vitro-Experiment, wobei wir als Substrate die 7c, 9c, 12c-Oktadecatriensäure und die 7t, 9c, 12-Oktadecadiensäure einsetzten. Eine Isomerisierung würde zur γ-Linolensäure führen:

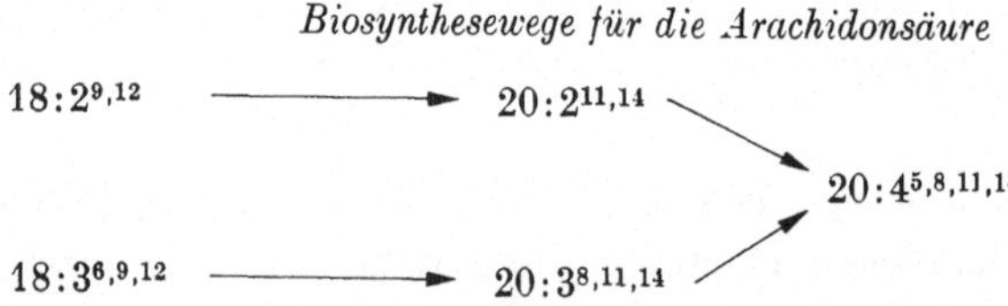

Beide Isomere werden jedoch weder im in-vitro- noch im in-vivo-Experiment zu γ-Linolensäure umgelagert. Im Tierversuch werden die Verbindungen mit großer Geschwindigkeit abgebaut.

Die Olefinierungsreaktion hat uns einen Einblick in ihren Mechanismus bisher verwehrt, doch konnten weitere Beobachtungen über die Reaktion gemacht werden.

Zu unseren Untersuchungen verwandten wir als Substrate die *Linol-*, die *Eicosadien-11, 14-* und die *Eicosatrien-8, 11, 14-säure*. Erstere wird in γ-Linolensäure, die beiden letztgenannten in Arachidonsäure umgewandelt. Die Reaktion verläuft mit einer Ausbeute um 25%. Die Analytik der Untersuchungen erfolgte auf die gleiche Art wie die bei der Kettenverlängerungsreaktion beschriebene.

Das Enzymsystem ist ebenfalls, wie das der Kettenverlängerung, an das *cytoplasmatische Reticulum* gebunden. Die Olefinierung der $20:2^{11,14}$ zur $20:4^{5,8,11,14}$ verläuft mit einer der Umwandlung der $20:3^{8,11,11}$ zu $20:4^{5,8,11,14}$ vergleichbaren Geschwindigkeit. Neben dem von MEAD postulierten Weg gibt es also einen zweiten, direkt von der Linolsäure über die $20:2$ zur $20:4$ durch Einführung zweier Doppelbindungen.

Biosynthesewege für die Arachidonsäure

$$18:2^{9,12} \longrightarrow 20:2^{11,14} \searrow$$
$$20:4^{5,8,11,14}$$
$$18:3^{6,9,12} \longrightarrow 20:3^{8,11,14} \nearrow$$

Die Reaktion ist von molekularem Sauerstoff absolut abhängig; andere Cofaktoren, auch das NADPH, erwiesen sich als entbehrlich. Hydroxylierungsprodukte oder Hydroperoxyde konnten bisher nicht nachgewiesen werden. Die Reaktion wird weder durch Cyanid noch durch CO gehemmt. Damit ist eine Beteiligung des mikrosomalen Cytochroms P_{450} unwahrscheinlich, eine Beteiligung des mikrosomalen Cytochroms b_5 kann noch nicht ausgeschlossen werden. Substrate sind stets die *Coenzym-A-Ester der Polyensäuren*.

Die Möglichkeit einer Dehydrogenierung der 20:3[8,11,14] zur Arachidonsäure *im Molekülverband des Lecithins*, also als Komponente der Membran, die das Enzymsystem beherbergt, haben wir mit synthetischem Lecithin, das die 1-14C- 20:3[8,11,14] als Acylkomponente in β-Stellung enthielt, ausschließen können.

Mit Hilfe vom am Methylende markierten Polyensäuren konnte bewiesen werden, daß die Doppelbindungen ausschließlich *in das Carboxylende* der Polyensäure eingeführt werden. Am *Methylende markierte* Säuren lieferten den Beweis, daß sowohl im in-vitro-[2] als auch im in-vivo-Experiment[16] in das Methylende der Polyensäure keine Doppelbindungen eingeführt werden. *Hydrierungen* von schon im Molekül vorhandenen Doppelbindungen konnten mit unserer empfindlichen Methodik ausgeschlossen werden.

Es soll in diesem Zusammenhang nochmals besonders betont werden, daß die beiden Teilreaktionen der Polyensäure-Biosynthese im endoplasmatischen Reticulum verlaufen, dort, wo die Synthese der Mehrzahl der komplexen Lipoide stattfindet, insbesondere die der Glycerophospholipoide, deren integrierender Bestandteil sie sind.

II. Biologische Oxydation der ungesättigten Fettsäuren

Untersuchungen von MEAD[13], BERNHARD[14], FREDRICKSON[15] und KLENK[16] über den biologischen Abbau der ungesättigten Fettsäuren, die auf der Bestimmung der Abbaugeschwindigkeit einiger 14C-markierter Fettsäuren im Tierversuch durch Messung des exspirierten radioaktiven Kohlendioxyds beruhten, hatten gezeigt, daß ungesättigte Fettsäuren offenbar wie die gesättigten Fettsäuren verbrannt werden.

Wir bestimmten unter einheitlichen Bedingungen mit isolierten Lebermitochondrien die Verbrennungsgeschwindigkeit einer größeren Anzahl 1-14C-markierter, synthetischer Polyenfettsäuren. Es zeigte sich, daß alle langkettigen Fettsäuren unabhängig von deren Struktur und dem essentiellen Charakter der Fettsäure größenordnungsmäßig in gleichem Maße abgebaut werden, eine Beobachtung, die BERNHARD schon durch Verfütterung von Öl-, Linol- und γ-Linolensäure an fettfrei ernährten Ratten gemacht hatte.

Der von Fritz[19] und Bremer[20] beschriebene stimulierende Effekt des Carnitins auf die β-Oxydation von Palmitinsäure im Mitochondrion ist auch für diese Polyensäuren, wie die Tabelle zeigt, sehr deutlich erkennbar.

Tabelle 2. *Oxydation ungesättigter Fettsäuren in Mitochondrien*

Säuretyp	eingesetzte 1-^{14}C-markierte Fettsäure	mμMol Fettsäure oxydiert	
		ohne Carnitin	mit Carnitin
Gesättigte Fettsäure	C_{16} (Palmitinsäure)	29	47
Ölsäure-Typ	Δ^9-C_{18} (Ölsäure)	15,3	49
	$\Delta^{6,9}$-C_{18}	40	52,5
	Δ^{11}-C_{20}	12,7	34
Linolsäure-Typ	^{9,12}-C_{18} (Linolsäure)	37	57
	$\Delta^{4,7,10}$-C_{16}	24	36
	$\Delta^{6,9,12}$-C_{18} (γ-Linolensäure)	37	58
	$\Delta^{8,11,14}$-C_{20}	15	43
	$\Delta^{5,8,11,14}$-C_{20} (Arachidonsäure)	29	43
Linolensäure-Typ	$\Delta^{9,12,15}$-C_{18} (α-Linolensäure)	59	95
	$\Delta^{6,9,12}$-iso-C_{18}	31	80

Alle diese Untersuchungen gehen von der bisher unbewiesenen Voraussetzung aus, daß das in Freiheit gesetzte radioaktive CO_2 als Indikator für die vollständige Verbrennung einer langkettigen Fettsäure gelten kann. Ist diese Annahme nun richtig? Wie verhält es sich mit dem oft diskutierten partiellen Abbau und Wiederaufbau langkettiger Fettsäuren, insbesondere der ungesättigten Fettsäuren? Weder die carboxyl-, noch uniform, noch die am Methylende markierten Fettsäuren können diese Frage eindeutig beantworten.

Wir synthetisierten daher doppelt markierte Stearin-, Linol- und Arachidonsäure, mit Tritium markiertem Methylende und ^{14}C-markiertem Carboxylende. Diese Säuren hatten das in der zweiten Spalte der Tab. 3 angegebene $^3H/^{14}C$-Verhältnis. Die Säuren wurden an Ratten verfüttert. Nach einem Zeitraum von 12 bis 16 Std, in dem etwa 25 bis 30% der verabreichten Radioaktivität als exspiriertes CO_2 aufgefangen worden war, wurden die Leberlipoide isoliert und aus diesen die entsprechende Fettsäure rein isoliert und erneut das Verhältnis ^{3}H/^{14}C bestimmt. Wie aus der letzten Spalte hervorgeht,

Tabelle 3. *Versuche in vivo mit doppelt (^{3}H, ^{14}C)-markierten Fettsäuren*

Verfütterte Fettsäure	spez. Aktivität ZpM/µMol	^{3}H/^{14}C	*Isolierte* Fettsäuremethylester	spez. Aktivität ZpM/µMol	^{3}H/^{14}C	nach Daubenabbau ^{3}H-RCOOH C$_6$H$_5$-^{14}COO	^{3}H-DNPH-Aldehyd ^{14}C-Di-carbonsäure
$\Delta^{5,8,11,14}$-C$_{20}$ (Arachidonsäure)	^{3}H 3,20 × 10^6 ^{14}C 4,00 × 10^5	8	$\Delta^{5,8,11,14}$-C$_{20}$ (Arachidonsäure)	^{3}H 2,45 × 10^5 ^{14}C 3,07 × 10^4	7,98	8,05	7,95
$\Delta^{9,12}$-C$_{18}$ (Linolsäure)	^{3}H 2,10 × 10^6 ^{14}C 3,56 × 10^5	5,9	$\Delta^{9,12}$-C$_{18}$ (Linolsäure)	^{3}H 8,75 × 10^4 ^{14}C 1,47 × 10^4	5,91	5,88	5,94
			$\Delta^{5,8,11,14}$-C$_{20}$ (Arachidonsäure)	^{3}H 1,18 × 10^4 ^{14}C 2,00 × 10^3	5,92	—	5,96
C$_{18}$ (Stearinsäure)	^{3}H 2,10 × 10^6 ^{14}C 3,56 × 10^5	5,9	C$_{18}$ (Stearinsäure)	^{3}H 2,52 × 10^5 ^{14}C 4,45 × 10^4	5,66	5,78	—
			Δ^9-C$_{18}$ (Ölsäure)	^{3}H 3,98 × 10^4 ^{14}C 7,05 × 10^3	5,65	—	—

besaßen die isolierte Linol- und Arachidonsäure innerhalb der Fehlergrenze das gleiche Verhältnis $^3H/^{14}C$ wie die Ausgangssäure. Die Abweichungen der Stearinsäure sind auf eine de novo-Synthese aus dem Acetatpool zurückzuführen. Aus diesen Versuchen folgern wir: *Ein partieller Abbau und Wiederaufbau findet nicht statt. Ist die Fettsäure einmal am Multienzym der β-Oxydation, so erfolgt ein vollständiger Abbau des Moleküls.*

Welche Reaktionen laufen jedoch bei der β-Oxydation der ungesättigten Fettsäuren ab?

Die enzymatischen Reaktionen der β-Oxydation der *gesättigten Fettsäuren* wurden durch die Arbeiten von Lynen u. Mitarb. am

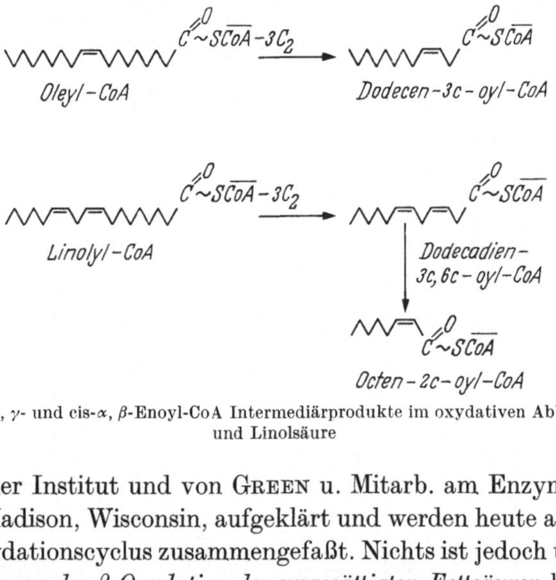

C~SCoA -3C2 · C~SCoA · Oleyl-CoA · Dodecen-3c-oyl-CoA

C~SCoA -3C2 · C~SCoA · Linolyl-CoA · Dodecadien-3c,6c-oyl-CoA · C~SCoA · Octen-2c-oyl-CoA

Abb. 5. cis-β, γ- und cis-α, β-Enoyl-CoA Intermediärprodukte im oxydativen Abbau der Öl- und Linolsäure

Münchener Institut und von Green u. Mitarb. am Enzyme-Institute in Madison, Wisconsin, aufgeklärt und werden heute allgemein im β-Oxydationscyclus zusammengefaßt. Nichts ist jedoch über den *Mechanismus der β-Oxydation der ungesättigten Fettsäuren* bekannt, die, wie wir heute wissen, rund 50% aller Acylgruppen der verschiedenen einfachen und komplexen Lipoide repräsentieren (Abb. 5). Der Abbau der gesättigten Teile, des Carboxyl- und des Methylendes des ungesättigten Fettsäuremoleküls — in dieser Abbildung sollen Öl- und Linolsäure betrachtet werden — erfolgt zweifellos über diesen Cyclus mit seinen vier enzymatischen Reaktionen in jedem Cyclusumlauf. Wie in dieser Abbildung summarisch dargestellt ist, treten nach dem Abbau des Carboxylendes der Ölsäure Dodecen-3c-oyl-CoA, im Verlauf des Linolsäure-Abbaus Dodecadien-(3c, 6c)-

oyl-CoA und weiter Octen-2c-oyl-CoA auf. Ganz allgemein betrachtet, entstehen im Verlauf des Abbaus aller Polyenfettsäuren, sobald das Doppelbindungssystem erreicht ist, alternierend β,γ-cis und α,β-cis-Enoyl-CoA-Ester als Intermediärprodukte. Die Schlüsselprobleme der β-Oxydation der ungesättigten Fettsäuren münden somit in der Frage: *Welche Reaktionen laufen an cis-β, γ- und cis-α, β-Enoyl-CoA-Verbindungen ab?*

Die cis-β,γ- und cis-α,β-ungesättigten Intermediärprodukte besitzen schon die Oxydationsstufe, die bei den gesättigten Fettsäuren durch die Acyldehydrogenasereaktion erzielt wird. Während jedoch die Acyldehydrogenase aus den gesättigten Acyl-CoA-Estern die entsprechenden trans-α,β-ungesättigten Verbindungen bildet, treten, bedingt durch die all-cis Konfiguration des Doppelbindungssystems der ungesättigten Fettsäuren, die stellungs- und geometrisch isomeren β,γ- und α,β-CoA-Ester auf. Nach STERN u. Mitarb.[20] sowie WAKIL und MAHLER[21] sollte die Crotonase, die jetzt auch als Δ^2-Enoyl-CoA-Hydratase bezeichnet wird, in der Lage sein, diese Zwischenprodukte in den bekannten Cyclus einmünden zu lassen, da dieses Enzym sowohl cis-trans- als auch Stellungsisomerisierungen und weiterhin Racemiesierungen katalysieren könne.

Wir untersuchten zunächst die an *cis-β,γ-ungesättigten CoA-Estern* ablaufenden Reaktionen[22]. Dabei wählten wir als Substrate die vorhin erwähnten cis-β,γ-ungesättigten Intermediärprodukte im Ölsäure- und Linolsäure-Abbau, nämlich das Dodecen-3c-oyl-CoA und das Dodecadien-3c,6c-oyl-CoA, und prüften, ob die kristalline Crotonase diese Substrate zu hydratisieren vermag. Aus der nächsten Abb. 6 geht hervor, daß die beiden cis-β,γ-ungesättigten Substrate *nicht* umgesetzt werden (A); Crotonyl- und Dodecen-2t-oyl-CoA werden, wie erwartet rasch hydratisiert. Die Hydratisierung wurde im gekoppelten optischen Test ermittelt, in dem an die Hydratisierung die NAD$^+$ abhängige β-Hydroxyacyl-Dehydrogenase-Reaktion angeschlossen wird. Andererseits jedoch vermochte Rattenleberrohextrakt mit der gleichen Crotonaseaktivität die Hydratisierung durchzuführen.

Es zeigte sich, daß diese Enzymaktivität allein in den Mitochondrien vorhanden ist. Durch vollständige Entfernung der Crotonaseaktivität und weitere Enzymanreicherung gelang uns dann die Isolierung einer Δ^{3cis}—Δ^{2trans}-*Enoyl-CoA-Isomerase*. Diese Iso-

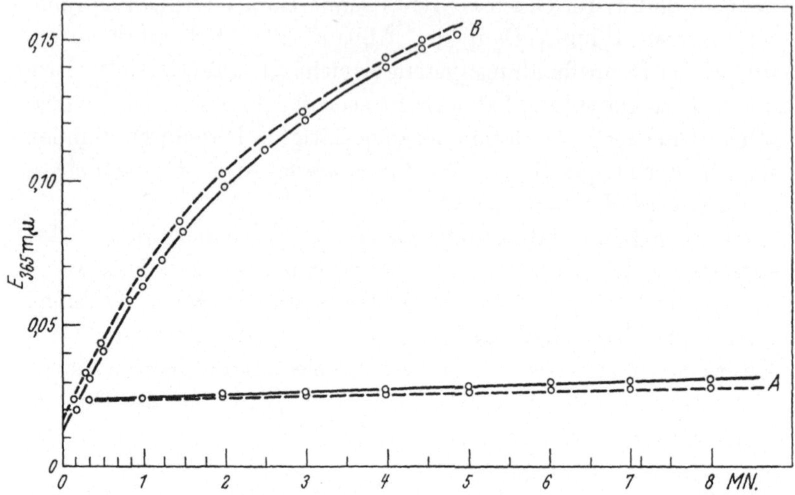

Abb. 6. Kinetik der Hydratisierung von Dodecen-3c-oyl-CoA ——————— und Dodecadien-(3c, 6c)-oyl-CoA — — — — —; A = krist. Δ^2-Enoyl-CoA-Hydratase (Crotonase); B = Mitochondrienprotein (65—80% $(NH_4)_2$-SO_4 Sättigung)

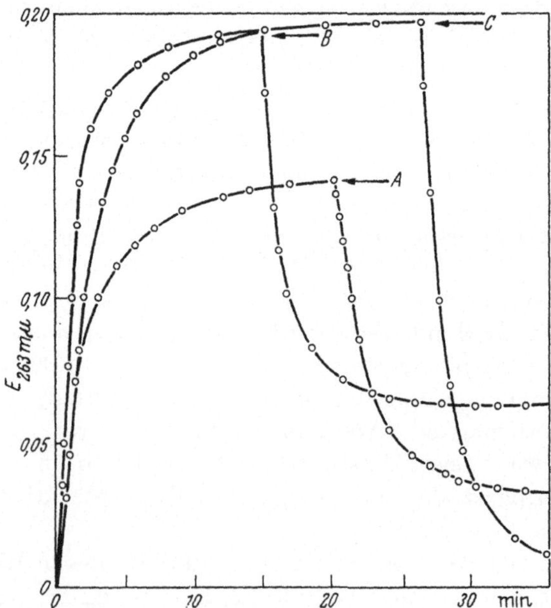

Abb. 7. Kinetik der Isomerisierung und der Hydratisierung von: A = Nonen-3c-oyl-CoA; B = Dodecen-3c-oyl-CoA; C = Dodecadien-(3c, 6c)-oyl-CoA; → = Zugabe der Δ^2-Enoyl-CoA-Hydratase

merase wandelt die bisher untersuchten und zur β-Oxydation der Polyenfettsäuren relevanten cis-β,γ-Enoyl-CoA-Ester in das der Acyldehydrogenasereaktion entsprechende Reaktionsprodukt um, das in der Folgereaktion zum L (+) enantiomeren β-Hydroxyacyl-CoA-Ester hydratisiert wird. Die Kinetiken der Isomerisierungsreaktionen dreier Substrate sind in der Abb. 7 wiedergegeben.

Die isolierte β,γ-Doppelbindung tritt durch diese Isomerisierungsreaktion in Konjugation zur Thioestergruppe und bildet dadurch

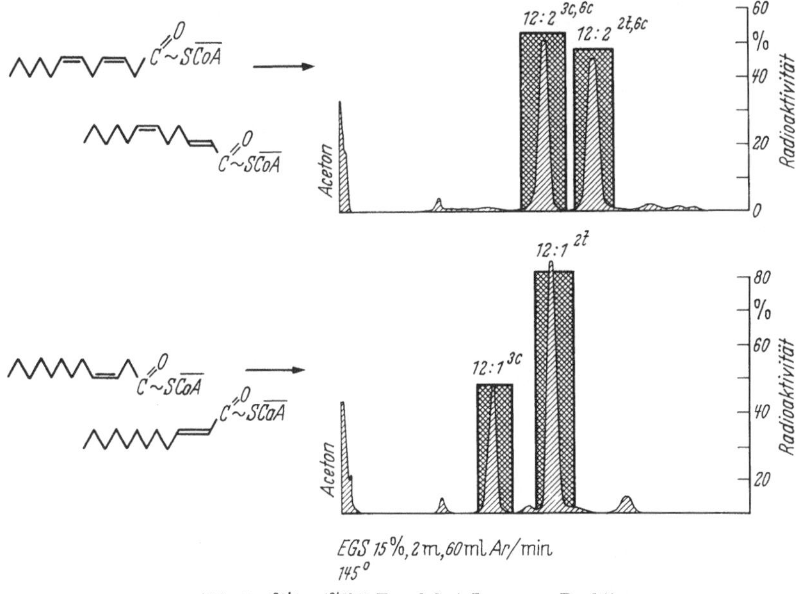

Abb. 8. $\Delta^{3\text{cis}}$—$\Delta^{2\text{trans}}$-Enoyl-CoA-Isomerase-Reaktion

das für diese konjugierten Systeme charakteristische Absorptionsmaximum bei 263 mμ aus, das zuerst von LYNEN[23] beschrieben wurde. Schließt man im optischen Test die Hydratisierung des Isomerisierungsproduktes an, so verschwindet dieses Absorptionsmaximum wieder. Diese Reaktion läßt sich radiogaschromatographisch noch eleganter verfolgen, da es möglich ist, die cis-, transsowie die Stellungsisomeren eines Homologen exakt zu trennen, wie aus der nächsten Abb. 8 hervorgeht.

Die $\Delta^{3\text{cis}}$-$\Delta^{2\text{trans}}$-Enoyl-CoA-Isomerase isolierten wir in 90facher Anreicherung, bezogen auf beschallte Rattenlebermitochondrien. Das pH-Optimum der Isomerase liegt zwischen pH 7 und 9, die

Michaelis-Menten Konstanten der untersuchten Substrate wurden zu 10^{-5} bestimmt. Da pCMB erst in einer Konzentration von 10^{-3} M

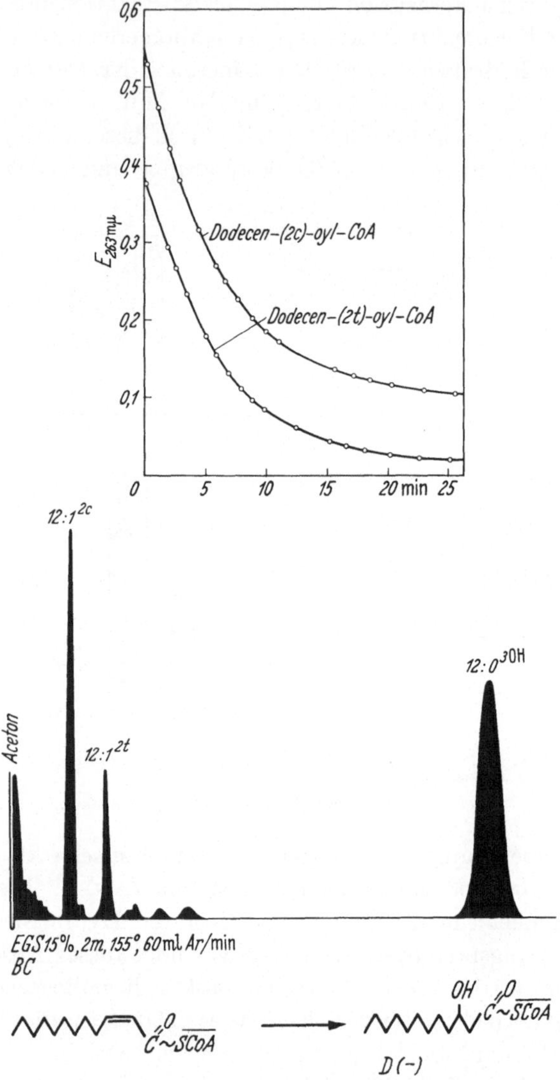

Abb. 9. Hydratisierung durch Δ^2-Enoyl-CoA-Hydratase

zu einer 20%igen Hemmung führt, ist es fraglich, ob Sulfhydryl-Gruppen bei der Isomerisierung beteiligt sind. Zusammenfassend:

cis-β,γ-Enoyl-CoA-Ester, die als Intermediärprodukte im oxydativen Abbau der ungesättigten Fettsäuren entstehen, werden durch gleichzeitige Stellungs- und geometrische Isomerisierung durch die Δ^{3cis}-Δ^{2trans}-Enoyl-CoA-Isomerase in den trans-α,β-Enoyl-CoA-Ester umgelagert.

Die zweite Frage ist die nach den an den α,β-cis-Enoyl-CoA-Zwischenprodukten ablaufenden Reaktionen[24].

Nach unseren Untersuchungen werden die mittel- und langkettigen cis-α,β-ungesättigten CoA-Ester durch die Crotonase hydratisiert, wie dies an der cis-α,β-Dodecenoyl-CoA-Verbindung in der nächsten Abb. 9 veranschaulicht wird. Spektrophotometrisch wurde hier z. B. die Kinetik der Hydratisierung des Dodecen-2c-oyl-CoA aufgenommen und im unteren Abschnitt des Bildes die gaschromatographische Analyse nach Einstellung des Gleichgewichtes angeschlossen. Es stellte sich die Frage, welche *optische Konfiguration* das entstehende β-Hydroxy-lauroyl-CoA besitzt. Rein theoretische Überlegungen machen es wahrscheinlich, daß die enzymatische Hydratisierung zweier geometrischer Isomeren zu den optischen Antipoden führen sollte, was übrigens vom System Crotonyl-Isocrotonyl-CoA-β-Hydroxybutyryl-CoA her bekannt ist[21]. In der Tat beobachteten wir auch im kombinierten optischen Test, daß die mit der Hydratisierung gekoppelte Dehydrogenierung des entstandenen β-Hydroxy-lauroyl-CoA nur um den Teil abläuft, der in unserem Substrat als trans-Isomeres vorlag und bei der Hydratisierung die L(+)-Form bildet. Die chemische Synthese von cis-α,β-ungesättigten Coenzym A-Estern führte stets zur teilweisen Bildung des trans-Isomeren, dessen Anteil im Substrat gaschromatographisch quantitativ ermittelt wurde. Da die β-Hydroxyacyl-Dehydrogenase nicht nur für kurzkettige β-Hydroxyacyl-CoA-Verbindungen, sondern, wie unsere Versuche mit den beiden optischen Antipoden des β-Hydroxylauroyl-CoA zeigten, auch für die längerkettigen CoA-Ester streng spezifisch auf die L(+) enantiomere Form eingestellt ist, mußte der übrige Teil als der D(—) Antipode vorliegen. Bei der Isolierung der vorhin beschriebenen Isomerase hatten wir aus Mitochondrien eine Fraktion isoliert, die das D (—) β-Hydroxy-lauroyl-CoA zur L(+)-Form epimerisiert. Der Nachweis dieser Reaktion wurde sowohl spektrophotometrisch als auch durch Produktisolierung und Bestimmung des Drehwertes gesichert. Setzt man nun diese Epimerase, wie in der nächsten Abb. 10 gezeigt wird,

6*

nach der Hydratisierung des Dodecen-2c-oyl-CoA und dem Ablauf
der Dehydrogenierung des L(+)-Anteils zu, so verläuft die Dehydrogenierung des D(—)-Anteils quantitativ zu Ende. Diese Reaktion verlief mit weiteren Substraten der Kettenlänge C_{10} und C_6
identisch, d. h., daß auch die Epimerase keine Kettenlängenspezi-
fität besitzt. Sie wurde aus Rattenleberrohextrakt 50fach angereichert. Die Epimerase ist allein in den Mitochondrien vorhanden.

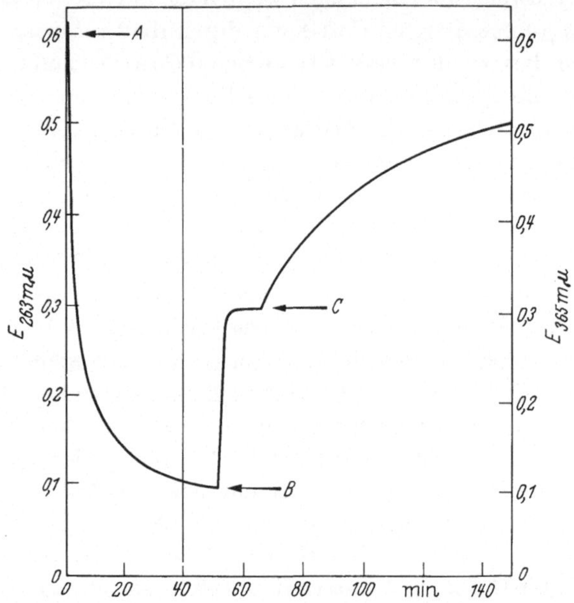

Abb. 10. Hydratisierung und Epimerisierung von Dodecen-2c-oyl-CoA
$A \rightarrow$ Zugabe von $\varDelta^2$-Enoyl-CoA-Hydratase; $B \rightarrow$ Zugabe von 3-Hydroxy-Acyl-CoA-Dehy-
drogenase; $C \rightarrow$ Zugabe von 3-Hydroxy-Acyl-CoA-3-Epimerase

Somit werden cis-α,β-Enoyl-CoA-Verbindungen, die zweite
Gruppe von Intermediärprodukten im biologischen Abbau hochungesättigter Fettsäuren, *an der Crotonase zum D(—)-Antipoden der*
β-Hydroxy-acyl-CoA-Verbindungen hydratisiert und anschließend an
der β-Hydroxy-acyl-CoA-Epimerase zum L(+)-Antipoden umgewan-
delt, also einem Produkt, über das der Anschluß an das Enzymsystem des schon bekannten β-Oxydationscyclus gewonnen wird.
Sowohl die Isomerase als auch die Epimerase kommen ausschließlich in den *Mitochondrien* vor. Sie wurden außer in der Leber auch
in den in der Tab. 4 wiedergegebenen Organen nachgewiesen. Das

Vorkommen der beiden Enzyme ist nicht auf die tierische Zelle beschränkt, sondern konnte auch in niedrigeren Organismen, wie Pilzen (Phycomyces Bl., Neurospora crassa) sowie Pflanzen

Tabelle 4. *Verteilung der $\Delta^{3cis}\Delta^{2trans}$-Enoyl-CoA-Isomerase und der 3-Hydroxy-acyl-CoA-Epimerase in den Organen der Ratte*

Organ	spez. Aktivität ($nMol \cdot min^{-1} \cdot mg^{-1}$)	
	Isomerase	Epimerase
Leber...........................	260	146
Niere	64	23
Herzmuskel	52	64
Gehirn	4	2

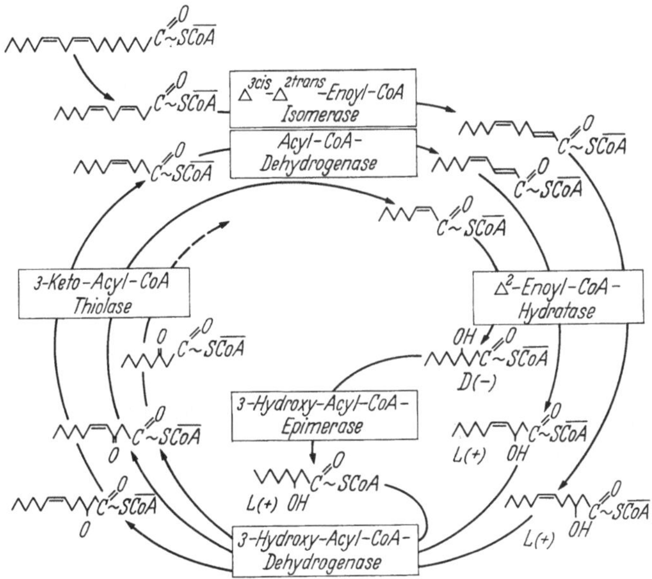

Abb. 11. β-Oxydation von all cis-Doppelbindungssystemen in ungesättigten Fettsäuren

nachgewiesen werden. Dies weist auf einen allgemein gültigen Mechanismus der β-Oxydation der ungesättigten Fettsäuren hin.

Die hier geschilderten Reaktionen und Enzyme, die im Verlauf der β-Oxydation der großen Gruppe der ungesättigten Fettsäuren für den Abbau der Doppelbindungssysteme dieser Verbindungen eingeschaltet sind, erweitern den bisher bekannten und auf die gesättigten Fettsäuren beschränkten β-Oxydationscyclus. Ein erweiterter

Cyclus wird in der letzten Abb. 11 vorgeschlagen und am Beispiel der Linolsäure, dem Prototyp einer Polyenfettsäure, explicit wiedergegeben.

Zum Schluß möchte ich besonderen Dank meinen Mitarbeitern, die an den hier zusammengefaßten Arbeiten maßgeblich beteiligt waren, aussprechen. Es sind dies HORST CAESAR, Dr. H.-G. SCHIEFER und Dr. R. DITZER.

Literatur

[1] KLENK, E.: Der chemische Aufbau der Nervenzelle und der Nervenfaser, S. 27, 3. Coll. der Ges. für physiolog. Chem. Mosbach 1952.

[2] — Experientia (Basel) **17**, 199 (1961).

—, u. G. KREMER: Z. physiol. Chem. **320**, 111 (1960).

[3] STOFFEL, W.: Biochem. biophys. Res. Comm. **6**, 270 (1961). — Z. physiol. Chem. **333**, 71 (1963).

—, u. E. BIERWIRTH: Justus Liebigs Ann. Chem. **673**, 26 (1964).

—, u. K. L. ACH: Z. physiol. Chem. **377**, 123 (1964).

[4] KLENK, E.: Naturwissenschaften **41**, 69 (1954). — Z. physiol. Chem. **302**, 268 (1955).

[5] MEAD, J. F., G. STEINBERG, and D. R. HOWTON: J. biol. Chem. **205**, 683 (1957).

—, and D. R. HOWTON: J. biol. Chem. **229**, 575 (1957).

STEINBERG, G., W. H. SLATON jr., and J. F. MEAD: J. biol. Chem. **220**, 257 (1956).

[6] WAKIL, S. J.: J. Lipid Res. **2**, 1 (1961).

[7] LYNEN, F.: Vortrag a. d. Gemeins. Tagung d. Dtsch. Ges. f. Physiol. Chem. u. d. Österr. Biochem. Ges., Wien 26.—29. Sept. 1962.

[8] STOFFEL, W., u. H. WIESE: Z. physiol. Chem. **340**, 148 (1965).

[9] PRELOG, V.: Ang. Chem. **70**, 145 (1958).

[10] WINSTEIN, S., and R. ADAMS: J. Amer. chem. Soc. **70**, 838 (1948).

[11] DALE, J.: Pers. Mitteilung.

[12] HAYAISHI, O.: Oxygenases. New York: Academic Press 1962.

[13] MEAD, J. F., W. H. SLATON, and A. B. DECKER: J. biol. Chem. **218**, 401 (1956).

[14] BERNHARD, K., M. ROTHLIN, J. P. VUILLEUMIER und R. WYSS: Helv. chim. Acta **41**, 1017 (1958).

[15] FREDRICKSON, D. S., and R. S. GORDON: J. clin. Invest. **36**, 890 (1957).

[16] KLENK, E.: VI. Internationaler Kongreß Biochemie. New York 1964. — Advanc. Lipid Res. (Im Druck).

[17] STOFFEL, W., u. H.-G. SCHIEFER: Z. physiol. Chem. **341**, 84 (1965).

[18] FRITZ, I. B., and K. T. N. YUE: J. Lipid Res. **4**, 279 (1963).

[19] BREMER, J.: J. biol. Chem. **237**, 3628 (1962).

[20] STERN, J. R., and A. DEL CAMPILLO: J. biol. Chem. **218**, 985 (1956).

[21] WAKIL, S. J., and H. R. MAHLER: J. biol. Chem. **207**, 125 (1954).

[22] STOFFEL, W., R. DITZER und H. CAESAR: Z. physiol. Chem. **339**, 167 (1965).

—, H. CAESAR und R. DITZER: Z. physiol. Chem. **339**, 182 (1965).

[23] LYNEN, F.: Fed. Proc. **12**, 683 (1953).

[24] STOFFEL, W., u. H. CAESAR: Z. physiol. Chem. **341**, 76 (1965).

Glycolipids of Mammalian Red Blood Cells

By T. YAMAKAWA

Department of Chemistry, Institute for Infectious Diseases, University of Tokyo, Tokyo

With 17 Figures

Historical

In 1951, a glycolipid called 'hematoside' was isolated in appreciable amount from equine erythrocyte stroma (YAMAKAWA and SUZUKI). It gave a beautiful purple color when heated with Bial's orcinol reagent, thus indicating the probable presence of neuraminic acid. Neuraminic acid was known, at that time, as a constituent of ganglioside and considered to be a polyhydroxyamino acid having the molecular formula of $C_{11}H_{21}O_9N$ or $C_{10}H_{19}O_8N$ (KLENK, 1941). In those days, ganglioside, which KLENK and co-workers had isolated from the brain of patient with TAY-SACHS disease (KLENK, 1935) and from bovine spleen (KLENK and RENNKAMP, 1942) was said to consist of stearic acid, sphingosine, 3 moles of hexose (glucose and galactose) and neuraminic acid (KLENK, 1942), though the presence of hexosamine in bovine brain was already reported by BLIX (1938). Afterward, galactosamine was isolated by BLIX, SVENNERHOLM and WERNER (1950) from a brain ganglioside preparation, but it seems they doubted the presence of neuraminic acid and regarded it as a degradation product of a crystalline disaccharide-like polyhydroxyamino acid, which BLIX had previously found in submaxillary mucin in 1936 and later named 'sialic acid' (BLIX, SVENNERHOLM and WERNER, 1952). This rather complicated situation was clearly understood when both neuraminic acid and galactosamine were found in ganglioside preparation (KLENK, 1951).

Hematoside contained no hexosamine but produced a substance like methoxy-neuraminic acid, named 'hemataminic acid' and was considered to be a complex glycolipid composed of fatty acid, sphingosine, 2 galactose and hemataminic acid. Hemataminic acid was assumed to be identical with methoxy-neuraminic acid because of the similarity of color reaction, specific rotation and other properties (YAMAKAWA and SUZUKI, 1952) and this was later substantiated (KLENK and WOLTER, 1952). Since the molecular composition of hemataminic acid in view of C, H and N values by PREGL and DUMAS' method corresponded to $C_{10}H_{19}NO_8$, the methoxy-free parent compound, prehemataminic acid, was calculated as $C_9H_{17}NO_8$. But KLENK assumed $C_{11}H_{21}O_9N$ was pertinent because the nitrogen content by KJELDAHL's method could be explained by the C_{11} formula (KLENK, FAILLARD, WEYGAND and SCHÖNE, 1956). The structure proposed by us (YAMAKAWA and SUZUKI, 1952) was later proved to be erroneous (YAMAKAWA, 1956), but our original statement that the parent acid, now called neuraminic acid, is a 9 C compound has now been justified (GOTTSCHALK, 1960).

Just at the similar time as the discovery of hematoside, KLENK and LAUENSTEIN (1951) reported the presence of a glycolipid from human blood, which, however, gave no purple color with BIAL's orcinol reagent and yielded galactosamine after acid hydrolysis. In this way, it seemed there was an essential difference in the chemical constitution of human and equine erythrocyte glycolipids. It was thought that the discrepancy was most unusual and might be due to the probable change because the source material used by the German authors was aged, as mentioned in their paper, so the deterioration might occur during prolonged storage and neuraminic acid might have been converted into galactosamine by a supposed enzymic reaction. Therefore, we prepared dry stroma from a large amount of freshly obtained human blood and got a glycolipid by solvent extraction in a similar way as in the case of hematoside. The glycolipid was Bial-negative and Elson-Morgan positive after acid hydrolysis, just as Klenk's preparation. We named it 'globoside' for convenience (YAMAKAWA and SUZUKI, 1952). It was composed of fatty acid, sphingosine, 3 moles of hexose (glucose and galactose) and N-acetylgalactosamine. In this way we confirmed Klenk's finding, while our own results on hematoside were essentially confirmed by KLENK and WOLTER (1952). They found furthermore ceramide-dihexoside and also the presence of glucose in addition to galactose in these glycolipids. At the same time, KLENK and LAUENSTEIN (1952) reconfirmed their previous results about the presence of galactosamine instead of neuraminic acid in human red cell glycolipid. Furthermore, they found glucosamine replaced galactosamine in bovine erythrocyte glycolipid. Later on, KLENK and LAUENSTEIN (1953) reexamined equine erythrocyte glycolipid fractions more thoroughly and found a small amount of glycolipid containing both neuraminic acid and hexosamine. Because of lack of material, they could not determine whether the substance was homogeneous or not. They suggested the amino group of neuraminic acid in hematoside was not substituted by a volatile acid such as acetic acid. It was later demonstrated that the sialic acid in hematoside was N-glycolyl-neuraminic acid (YAMAKAWA, 1956; KLENK and UHLENBRUCK, 1958), while in brain ganglioside it occurred as the acetylated form (SVENNERHOLM, 1955).

Thus it became evident that though both are from mammals, human erythrocyte glycolipid possesses galactosamine, whereas equine blood cells contain neuraminic acid in the glycolipid. On quantitative determination with chloroform-methanol extract of lyophilized blood stroma of various animals, the hexosamine and neuraminic acid contents were found to be very characteristic and two or three groups could be distinguished on the basis of their distribution. The erythrocyte glycolipids of human (irrespective of blood group), sheep, goat, ox, rabbit, pig and guinea-pig had hexosamine but no neuraminic acid, indicating that they were of a 'globoside type'. On the other hand, dog, horse and cat had in their stroma lipids neuraminic acid and very little hexosamine, if any, so were of a 'hematoside type'. Several samples of bovine stroma had both components, being a mixed or 'ganglioside type' (YAMAKAWA and SUZUKI, 1953; YAMAKAWA, IRIE and IWANAGA, 1960).

In the meantime, it was found that the hexosamine of pig erythrocyte glycolipid was exclusively galactosamine (MATSUMOTO, 1956) and the nature of hexosamine in several mammalian red cell glycolipid was found to be extremely specific with each species by Gardell's column chromatographic technique (YAMAKAWA, MATSUMOTO and SUZUKI, 1956). Mammalian red cell could be classified roughly into three or four groups with regard to the content of hexosamine and sialic acids of mucolipid (Tab. 1).

Of course, the classification is only an approximate and convenient one and the signs $+$ or $-$ cannot represent so strict distinction.

For example, as mentioned above, equine material contained a small proportion of hexosamine-containing mucolipid and there is a sialic acid-containing one as a minor component in human mucolipids shown later.

Table 1. *Nature of hexosamines and sialic acids in erythrocyte mucolipid of various mammals*

Animal	Glucosamine	Galactosamine	Sialic acid
Globosides			
Man	—	++	—
Pig	—	++	—
Guinea-pig	—	++	—
Rabbit	++	—	—
Ox	++	—	+ or —
Sheep	+	+	—
Goat	+	+	—
Hematosides			
Horse	—	—	++(NGNA)
Dog	—	—	++(NANA>NGNA)
Cat	—	—	++(NGNA)

Abbreviation: NGNA, N-glycolylneuraminic acid; NANA, N-acetylneuraminic acid.

As to the molecular weight of these glycolipid, YAMAKAWA, SUZUKI and HATTORI (1953) reported they behaved as if they were a high polymer in aqueous solution. They dissolved readily in water to form micelles and gave a high value of sedimentation coefficient and intrinsic viscosity.

Silicic Acid Column Chromatography of Erythrocyte Glycolipids

Recent advances in lipid chemistry have been brought about by the application of chromatography, especially using silicic acid. Silicic acid has been used for the purification of phospholipid (LEA, RHODES and STOLL, 1955; HANAHAN, DITTMER and WARASHINA, 1957) and brain glycolipids (WEISS, 1956). By this procedure, material which was considered as homogeneous was often separated into several fractions. Therefore, this technique was applied in the purification of the blood cell glycolipid (YAMAKAWA, OTA, ICHIKAWA and OZAKI, 1958; YAMAKAWA, IRIE and IWANAGA, 1960).

Dry stroma was extracted four times with methanol-ether (1:1) and so-called M.E.-glycolipid was obtained from this extract by the treatment with dry ether and pyridine. M.E.-glycolipid fraction consisted of a pyridine-soluble fraction of ether-insoluble white precipitate. The residual stroma after extraction with methanol-ether gave so-called C.M.-glycolipid upon continuous extraction with chloroform-methanol (Fig. 1). M.E.-glycolipid was thought to be rather loosely bound to stroma and most hexosamine-containing mucolipids (globoside-type) and ceramide hexosides were present

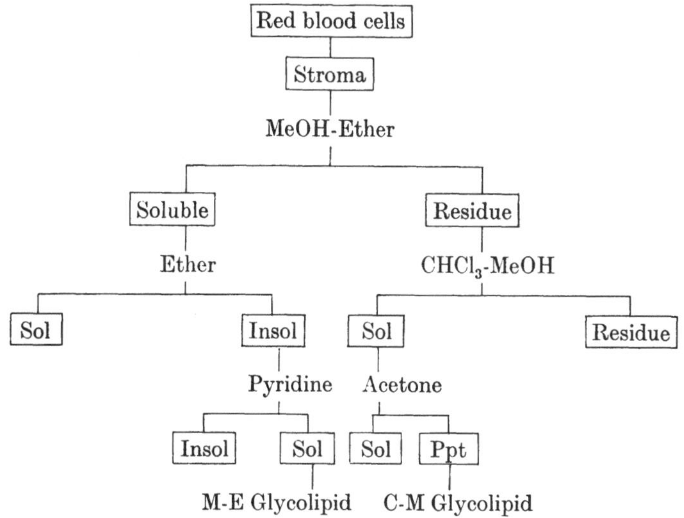

Fig. 1. Fractionation of lipids of erythrocyte stroma

in it. Sialic acid-rich mucolipids (hematoside-type) were released from the stroma by rather drastic treatment such as continuous extraction with chloroform-methanol.

By silicic acid chromatography using a mixture of chloroform and stepwise increasing concentration of methanol as eluent plotting the amount of hexose with each effluent, each glycolipid gave its characteristic chromatographic pattern, which was highly reproducible. Human M.E.- and C.M.-glycolipids were separated into two or three peaks (Fig. 2 and 3). The first peak (Fr. II) was ceramide dihexoside, *i.e.*, composed of N-acylsphingosine, glucose and galactose in equimolecular amount. Mucolipid, namely, glycosphingoside containing hexosamine and/or sialic acid, was eluted slower. The

second peak (Fig. 2, IV; Fig. 3, III) was main glycolipid (Globoside I) and consisted of N-acylsphingosine, 1 glucose, 2 galactose and
N-acetylgalactosamine. The third peak represented by solid line

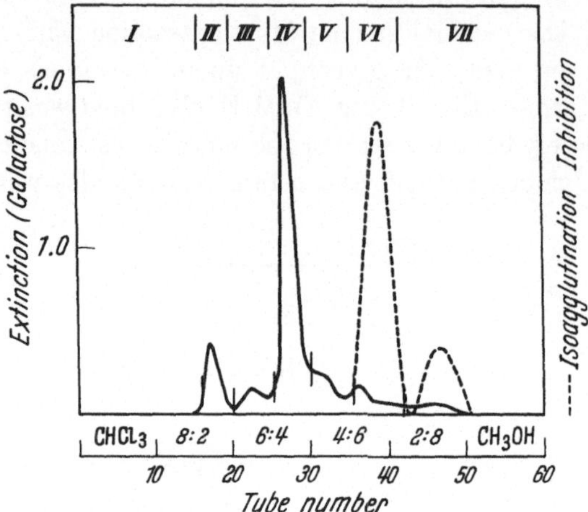

Fig. 2. Silicic acid chromatography of human erythrocyte M.E.-glycolipid. II, ceramide
hexoside; IV, Globoside I

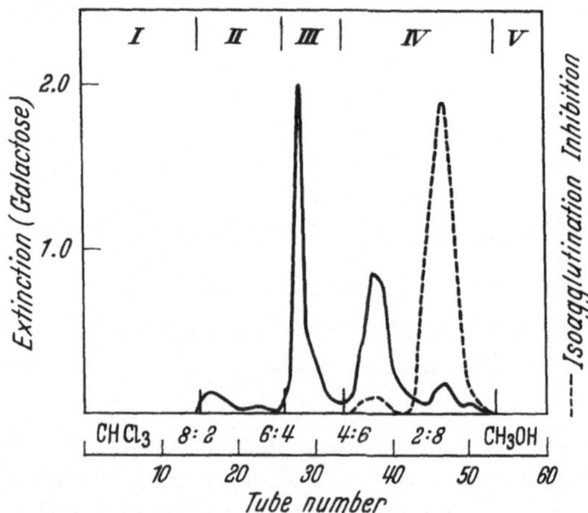

Fig. 3. Silicic acid chromatography of human erythrocyte C.M.-glycolipid. III, Globoside I;
IV, Globoside II and III

in Fig. 3 (Fr. IV or Globoside II) contained fucose, glucosamine and
a small amount of sialic acid in addition to glucose, galactose and
galactosamine. The two peaks represented by dotted line in Figs. 2

and 3 corresponded to ABO group-active portion. In equine erythrocytes, M.E.-glycolipid contained almost nothing but ceramide
hexosides (Fig. 4, II), and sialic acid-containing mucolipid (hem-

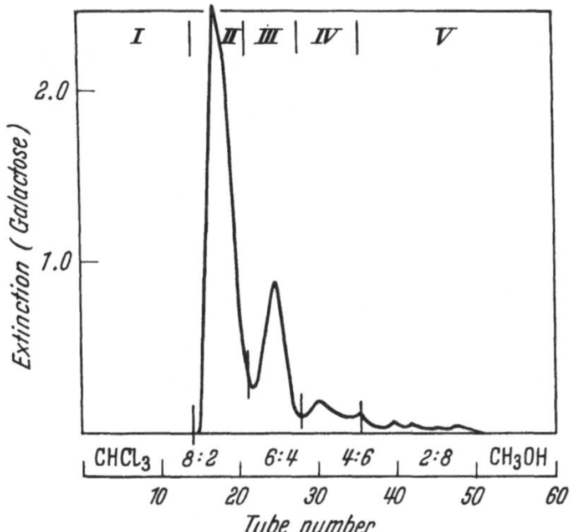

Fgg. 4. Silicic acid chromatography of equine erythrocyte M.E.-glycolipid. II, ceramid
hexoside

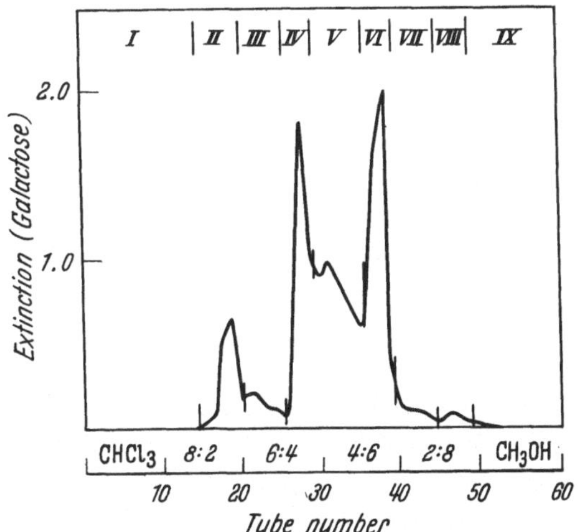

Fig. 5. Silicic acid chromatography of equine erythrocyte C.M.-glycolipid. II, ceramide
hexoside; IV—VI, hematoside

atoside) was present only in C.M.-glycolipid. It was apparently
heterogeneous (Fig. 5, IV to VI).

The two peaks were apparently the similar substances containing 2 hexoses and one sialic acid but no phosphorus. After the main hematoside was eluted, a small amount of hexosamine-containing mucolipid (Fig. 4, VII) appeared, which was probably the same material as previously reported by Klenk and Lauenstein (1953). There was also a minor glycolipid in which the sialic acid content was very large (Fr. VIII).

In bovine preparations, most mucolipid was obtained by C.M.-extraction as in the case of equine material and the main mucolipid

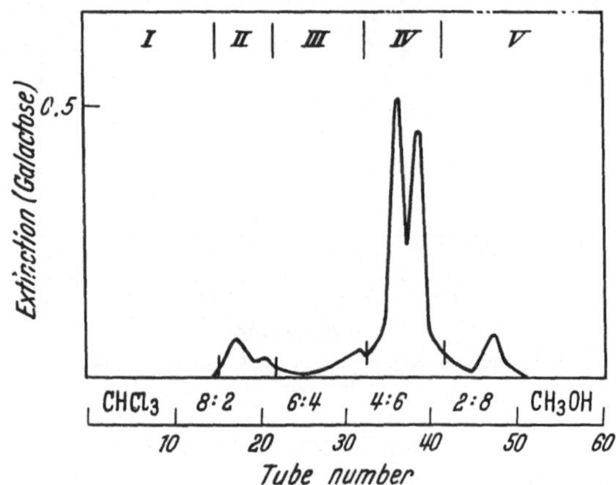

Fig. 6. Silicic acid chromatography of bovine erythrocyte C. M.-glycolipid. IV, mucolipid containing glucosamine, sometimes sialic acid in addition

contained glucosamine and in some cases sialic acid in addition (Fig. 6, IV).

M.E.-glycolipid of sheep erythrocytes gave, on chromatography, one main mucolipid (Fig. 7, IV) which contained both glucosamine and galactosamine but no sialic acid. This mucolipid had Forssman haptenic activity, inhibiting sheep red cell hemolysis by immunhemolysin in the presence of complement.

Guinea-pig M.E.-glycolipid (Fig. 8, III) was similar to human globoside in several respects, namely, it contained only galactosamine and showed the similar infrared absorption. But, after purification by gradient chromatography its specific rotation in pyridine was —8.5°, whereas human globoside was dextro-rotatory, $+19.5°$.

The sugar moiety was composed of glucose, galactose and N-acetyl galactosamine in equimolar ratio and the glycolipid was considered probably the same as globoside occurred in the brain of TAY-SACHS disease in view of thin-layer chromatography and optical rotation. The latter substance showed $[\alpha]_D = -3.5°$ in pyridine and

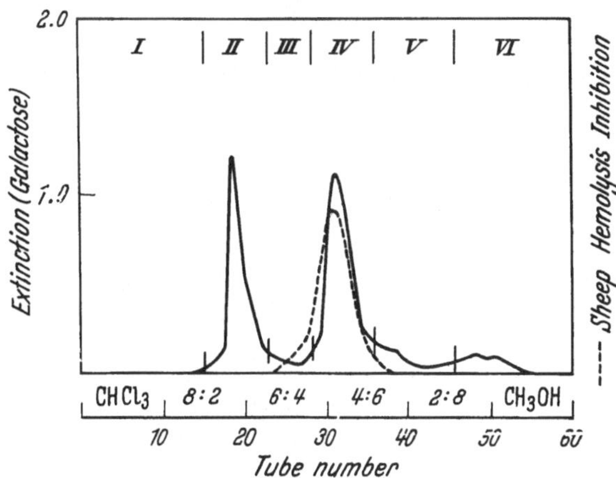

Fig. 7. Silicic acid chromatography of sheep erythrocyte M.E.-glycolipid. II, ceramide hexoside; IV, Forssman-active mucolipid

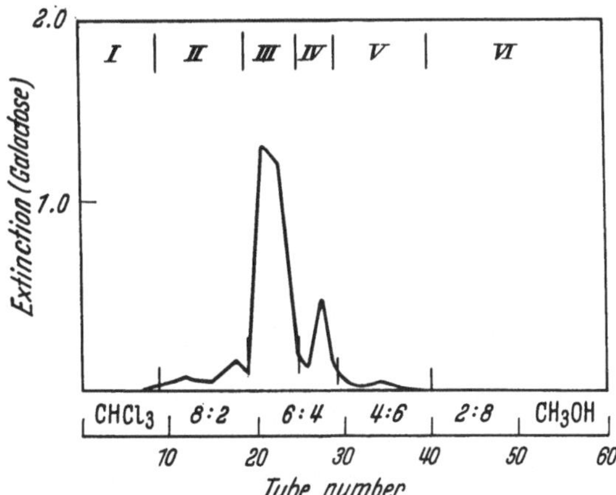

Fig. 8. Silicic acid chromatography of guinea-pig erythrocyte M.E.-glycolipid III ceramide hexoside and mucolipid

had the structure of N-acetylgalactosaminoyl (1→4) galactosyl (1→4) glucosyl-ceramide (MAKITA and YAMAKAWA, 1963). In Fig. 11, B represents several degraded products from partially hydrolyzed major ganglioside prepared from the brain of patient with

TAY-SACHS disease (A). Guinea-pig mucolipid (C) migrates similarly with one of the products, Tay-Sachs globoside. Tay-Sachs ganglioside used here is probably the same as Ganglioside B of KLENK and G$_O$ of KUHN.

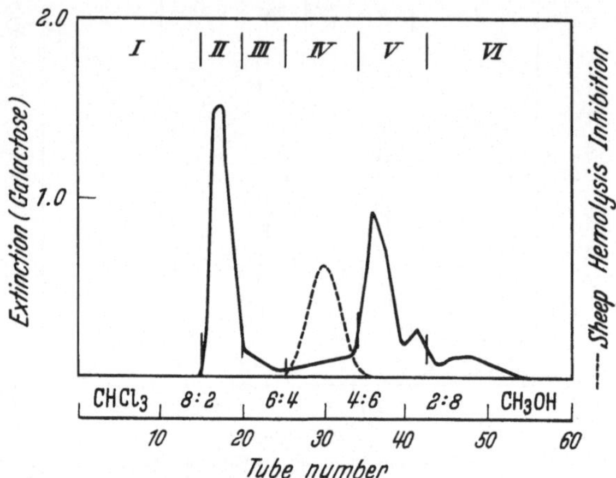

Fig. 9. Silicic acid chromatography of cat erythrocyte M.-E.glycolipid. II, ceramide hexoside; V, hematoside

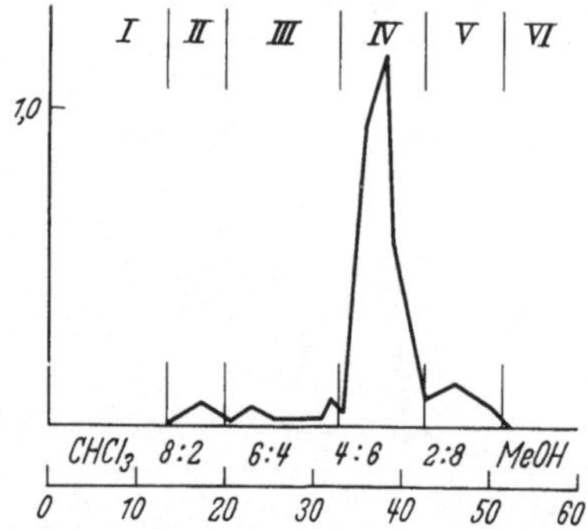

Fig. 10. Silicic acid chromatography of cat erythrocyte C.M.-glycolipid. IV, hematoside containing two moles of N-glycolyl neuraminic acids

The glycolipids of dog and cat were mainly contained in C.M.-glycolipid fraction and were hematoside-type (Fig. 9, V; Fig. 10, IV). The analysis of the recently purified preparation from cat erythrocytes, indicated that it had one more sialic acid than equine and dog materials (HANDA and HANDA, 1965).

In this way, it was established on column chromatographic

pattern that each animal species had its own characteristic mucolipid molecule, which might be connected with species-specificity
revealed by, for instance, sero-specific hemagglutination, hemolysis
or complement fixation test. In other words, at least among the
blood cells examined, the mucolipid molecule differs from species
to species.

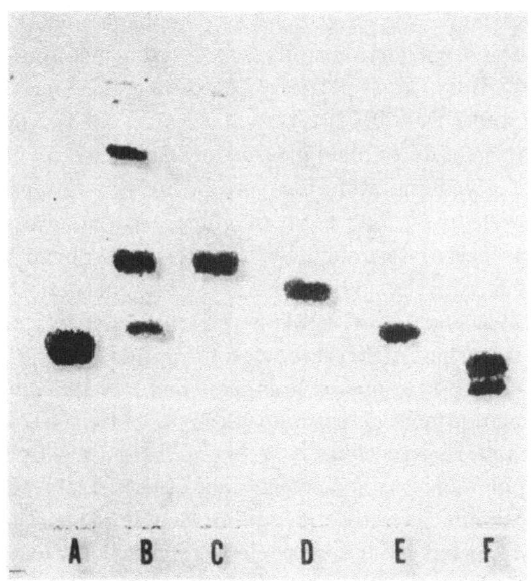

Fig. 11. Thin-layer chromatogram of several glycolipids. A, ganglioside from Tay-Sachs'
brain; B, after hydrolysis of A with dilute HCl; C, guinea-pig erythrocyte mucolipid; D,
human erythrocyte Globoside I; E, Globoside II; F, Globoside III. Solvent; chloroform:
methanol: water, 60:35:8; Wako Gel B O, sprayed with anthrone-sulfuric acid

Structural Studies of Erythrocyte Glycolipids

Since 1960 when KUHN and co-workers proposed the structure of
bovine brain ganglioside by acetolysis technique, the study of
glycolipid entered in the time of structural determination. Subsequently, KLENK and GIELEN (1960, 1961) proposed the structure
of their ganglioside preparation. But the examination by newly
developed thin-layer chromatography indicated the heterogeneity
of these materials and the earlier results with such a mixed lipid
seemed to be inconclusive. Actually, the brain ganglioside preparation was more and more purified and a number of fractions with

a different structure have been reported. The epoch-making advancement in the study of such a complex glycolipid was made by the improvement of permethylation technique devised by KUHN, TRISCHMANN and LÖW (1955). The use of dimethylformamide as a solvent in the procedure was an excellent one and produced a complete material in good yield. Afterwards, dimethylsulfoxide and sodium hydride also contributed greatly in this line (HAKOMORI, 1964). Furthermore, big progress was established by the application of gas-liquid chromatography to the identification of methyl glycosides of fully and partially methylated monosaccharides (YAMAKAWA and UETA, 1964; KUHN and EGGE, 1963). The isolation and examination of di- or oligo-saccharides produced by partial acid hydrolysis of glycolipid were also profitable in combination with the above procedures. The ratio of glucose to galactose in these materials was best determined by the recent gaschromatographic technique with trimethylsilyl derivative of the methanolysed product (YAMAKAWA and UETA, 1964; SWEELEY and WALKER, 1964).

Ceramide Hexosides of Erythrocytes. Ceramide hexoside fractions (Fig. 2, II) were by no means homogeneous but heavily contaminated by cephalin-type glycerophospholipid. After its removal by passing through Florisil column or by mild alkaline hydrolysis, a pure glycolipid was obtained which consisted of fatty acid, sphingosine, glucose and galactose in equimolecular proportion. It was erroneously reported by us in previous report that this glycolipid was ceramide trigalactoside (YAMAKAWA, IRIE and IWANAGA, 1960) but corrected later (MAKITA and YAMAKAWA, 1962), so it has the same composition as the glycolipid first isolated from bovine spleen (KLENK and RENNKAMP, 1942). It was levorotatory, $[\alpha]_\mathrm{D} = -9.7°$ in pyridine and homogeneous on thin-layer chromatography. Galactose was first split by mild acid hydrolysis and glucocerebroside was remained, which suggested the location of galactose at the non-reducing terminal. Peaks of methyl 2,3,4,6-tetra-O-methylgalactoside and anomers of methyl 2,3,6-tri-O-methylglucosides were evidently identified by gaschromatography after methanolysis of permethylated ceramide dihexoside, indicating the structure to be ceramide lactoside (YAMAKAWA, KISO, HANDA, MAKITA and YOKOYAMA, 1962). The material is identical with 'Cytolipin H' or Cytoside, which RAPPORT and co-workers isolated from human epidermoid cancer and bovine spleen and mentioned its configuration from the immuno-chemical inhibition technique (RAPPORT, GRAF and YARIV, 1961). The same material was obtained from spleen and kidney of various animals (MAKITA and YAMAKAWA, 1962, 1964; MAKITA, 1964) and also from blood serum (SVENNERHOLM and SVENNERHOLM, 1962). In the ceramide hexoside fraction of erythrocyte glycolipids of other animals, faint spots corresponding to ceramide mono- and tri-hexoside were frequently detected. But, ceramide lactoside was likely a predominating ceramide hexoside in erythrocytes. Organs such as spleen and kidney usually contain a considerable amount of ceramide mono- and tri-hexoside.

Human Erythrocyte Globoside I. Main glycolipid fractions of human erythrocytes (Fig. 2, IV; Fig. 3, III) were pooled and purified by rechromatography on silicic acid and on Florisil. The material homogeneous on thin-layer chromatography was rather easily obtained, which had the following analytical values: $C_{68}H_{126}N_2O_{23}$; C 60 to 61, H 9.5 to 10.0, N 2.23, Hexose (as galactose by anthrone-sulfuric acid) 50, Hexosamine (as HCl salt) 17.5, $[\alpha]_D = +19.5°$ in pyridine. It was composed of fatty acid, sphingosine, glucose, galactose and N-acetylgalactosamine in a ratio of $1:1:1:2:1$.

The purified Globoside I was dissolved in water and was subjected to mild acid hydrolysis with 0.1 N HCl for 30 min., and then dialysed against water. The inner solution was again treated in a similar way and the procedure was repeated 7 times. The outer dialysable fluids were combined, passed through Dowex 50 (H^+) column to remove deacetylated material and the filtrate was concentrated to dryness. The neutral material was chromatographed on a charcoal column by eluting with water, then with dilute ethanol solution. Besides galactose, glucose and N-acetylgalactosamine, a crystalline disaccharide was obtained. This disaccharide melted at 191 to 192°, $[\alpha]_D = +68.6° \rightarrow +63.5°$ in water. $R_{Lactose}$ was 1.03 (ethylacetate-pyridine-water, $2:1:2$, upper phase) and 1.25 (n-butanol-pyridine-water, $5:3:2$). Infrared absorption band near 890 cm^{-1} indicated the probable presence of β-glycosidic linkage (Fig. 12). It was composed of galactose and N-acetylgalactosamine, the latter being located at the non-reducing terminal.

Its positive Morgan-Elson reaction suggested the presence of $1\rightarrow3$ or $1\rightarrow6$ glycosidic linkage (KUHN, GAUHE and BAER, 1954). However, the results that it consumed two moles of periodate suggested the linkage to be $1\rightarrow4$. Periodate experiment was repeated further and the newly obtained disaccharide consumed 1,5 to 1,8 moles of periodate and gave a distinct Morgan-Elson reaction (Fig. 13). Provided some over-oxidation might occur, it could reasonably be assumed that the disaccharide had 1→3 linkage instead of 1→6,

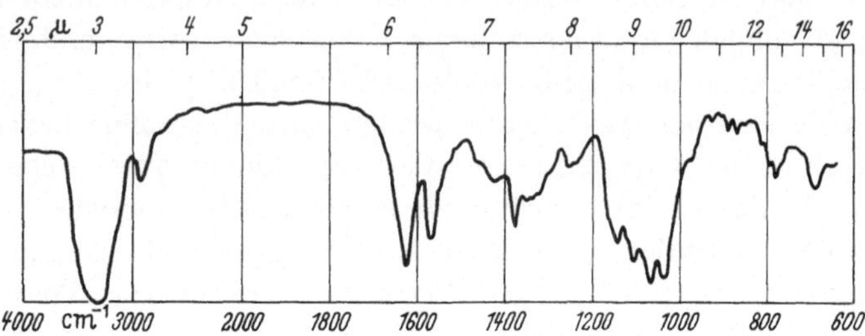

Fig. 12. Infrared spectrum of disaccharide liberated from Globoside I by mild acid hydrolysis, pressed in KBr

as concluded earlier (YAMAKAWA, YOKOYAMA and HANDA, 1963; YAMAKAWA, KAMIMURA and NISHIMURA, 1965).

More conclusive evidence for the structure of Globoside I was presented by permethylation and subsequent gaschromatography of the methanolysis products. In our previous report (1963), we erroneously concluded that main globoside (Globoside I) has the structure of N-acetylgalactosaminoyl (1→6) galactosyl (1→4) galactosyl (1→4) glucosyl ceramide. At present, I think it is not true. At that time, a false peak thought to be methyl 2,3,4-tri-*O*-methyl galactoside which occurred probably because of decomposition and adsorption on the gaschromatographic column led us to make a

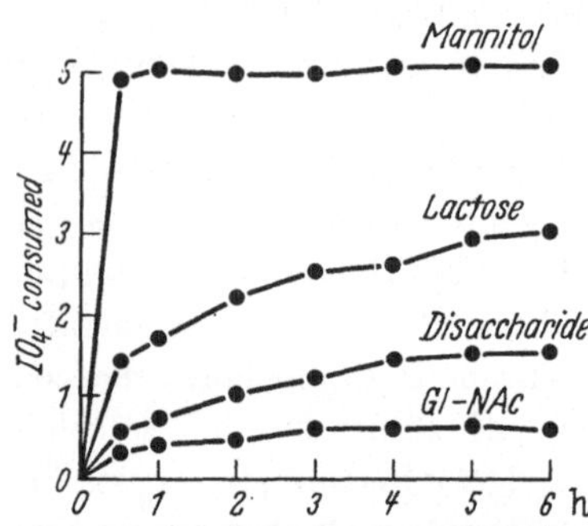

Fig. 13. Rate of periodate consumption during oxidation of mannitol, lactose, N-acetylglucosamine and disaccharide from Globoside I. The reaction, performed at 5 °C in the dark, consisted of 0.4 ml. of 0.01 M carbohydrate, 0.3 ml of 0.086 M sodium periodate, 3.0 ml of 0.1 M acetate, pH 5.0, and 1.3 ml of water. The periodate consumed was measured spectrophotometrically by a decrease in absorbancy at 305 mμ

mistake and, what was worse, the uncertainty of periodate consumption of the disaccharide made some confusion. In our improved condition of gaschromatography, the separation of individual peaks

of methylated sugars became clear and permethylated Globoside I
gave evidently the peaks of 2,3,6-tri-*O*-methylglucoside, 2,3,6-tri-*O*-
methylgalactoside and 2,4,6-tri-*O*-methyl galactoside (Fig. 14).
Furthermore, ceramide mono-, di- and tri-hexosides obtained from
the inner dialysis fluid of partial acid hydrolysis were permethylated, methanolysed and examined by gaschromatography. Consi-
dering all these results, the Globoside I of human erythrocytes has

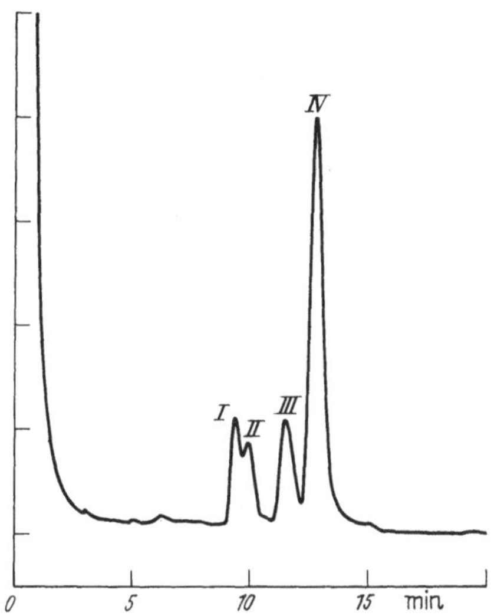

Fig. 14. Gaschromatogram of methanolysate of permethylated Globoside I. I, methyl
2,3,6-trimethyl-β-galactoside; II, methyl 2,3,6-trimethyl-β-glucolside; III, methyl 2,4,6-tri-
methyl-β-galactoside; IV, α-anomers of I, II and III. Separation was made with 3 mm × 2 m
stainless steel column packed with 5% neopentylglycolsuccinate on Gas Chrom CLH at 175°,
using Hitachi-Perkin Elmer model F-6 equipped with FID

a constitutional formula of N-acetylgalactosaminoyl (1→3) galactosyl (1→4) galactosyl (1→4) glucosyl ceramide (Fig. 15). Similar
substance was obtained from human kidney (MAKITA and YAMA-
KAWA, 1964; RAPPORT, GRAF and SCHNEIDER, 1964) and the structure was elucidated (MAKITA, IWANAGA and YAMAKAWA, 1964).
The fact that Globoside I cross-reacted with anti-human kidney
serum in isofixation test (RAPPORT, private communication) would
support the identity of these two substances.

Globoside II and Globoside III of Human Erythrocytes. The development of thin-layer chromatography revealed its excellency in
resolving power rather than column chromatography and an apparently single peak on column was not always homogeneous by

thin-layer chromatography. In the course of purification of the third glycolipid peak (Fig. 3, IV) of human erythrocytes, a number of spots were detected by the thin-layer chromatography, even though

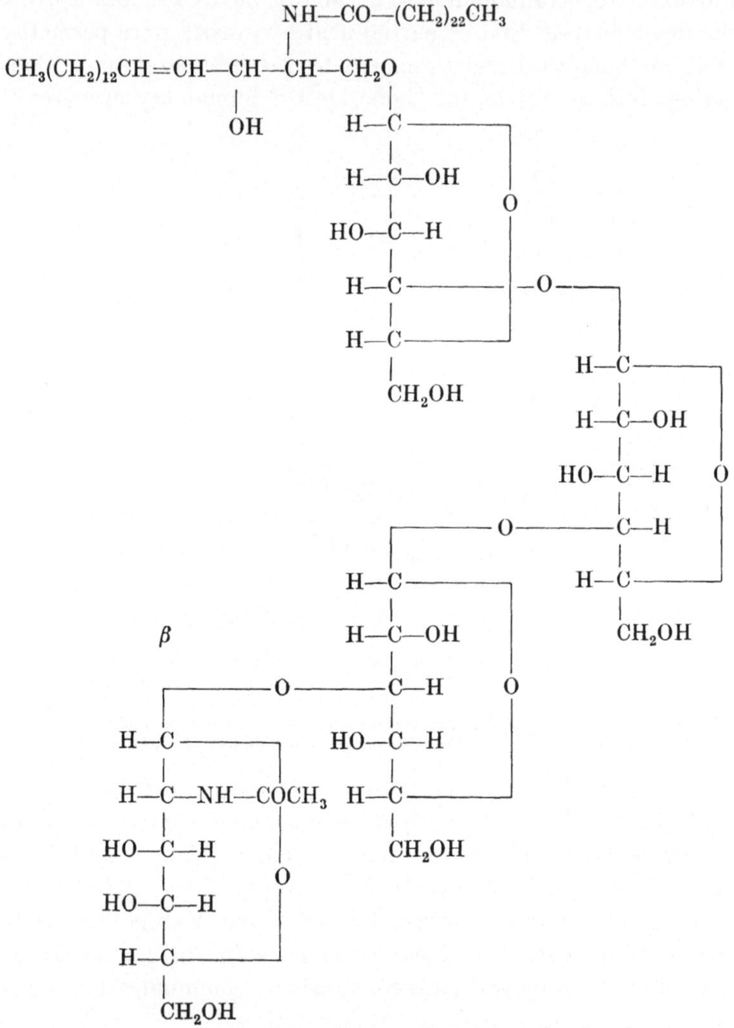

$$NH\!-\!CO\!-\!(CH_2)_{22}CH_3$$

$$CH_3(CH_2)_{12}CH\!=\!CH\!-\!CH\!-\!CH\!-\!CH_2O$$

Fig. 15. Constitutional formula of Globoside I of human erythrocytes.

it had been purified into a single peak by column chromatography. The glycolipids eluted in this region was usually contaminated with sphingomyelin and its removal was difficult by column chromatography or alkaline hydrolysis. Therefore, the material was peracetylated with acetic anhydride in pyridine and the product was separated from acetylated sphingomyelin by gradient silicic acid chromatography. It was then hydrolysed with dilute alkali and examined on a thin-layer plate. Since it gave still several spots, preparative thin-layer chromatography was repeated and finally a homogeneous Globoside II was isolated in low yield. The slower

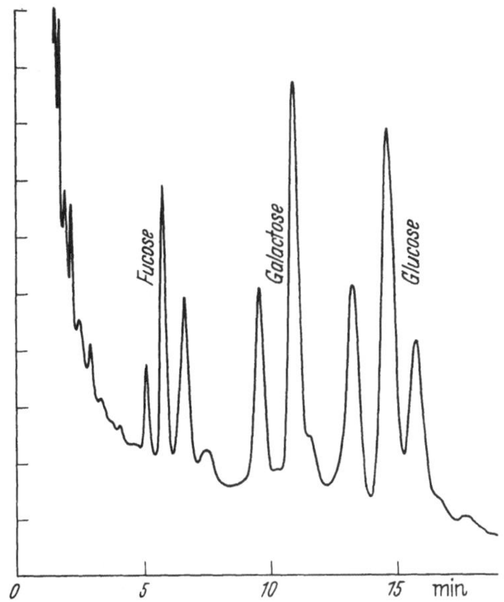

Fig. 16. Gaschromatography of methyl glycosides from human erythrocyte Globoside II as trimethylsilyl-derivatives. Separation was made with 2 m × 3 mm stainless steel column packed with 5% Ucon LB 550 X coated on Gas Chrom CLH, at 192°

migrating Globoside III was still inhomogeneous (Fig. 11). Both materials contained glucosamine, fucose and sialic acid in addition to glucose, galactose and galactosamine (Fig. 16) and inhibited the agglutination of erythrocytes by its corresponding iso-antibody.

The occurrence of fucose in glycolipid was reported by HORI, ITASAKA and HASHIMOTO in a shell-fish, Corbicula sandai (1964) and by KOSCIELAK (1963) and HANDA (1963) in group substance of human erythrocytes. Recently, HAKOMORI and JEANLOZ reported a glycosphingoside composed of glucose, galactose, fucose and glucosamine as the sugar moiety from human cancerous tissue (1964).

Hematosides. At first 'hematoside' was the name of equine erythrocyte mucolipid. Later on, when a variety of mucolipids were found in various species of mammalian erythrocytes and in several

Table 2. *Properties of human erythrocyte globoside II and III*

	Globoside II	Globoside III
R_f, relative to Globoside I (TLC of Kieselgel G, $CHCl_3$:MeOH:H_2O = 60:35:8)	0.81	0.65
Hexose (anthrone, as galactose)	38.5	36.7
Glucosamine......................	8.2	5.3
Galactosamine	7.4	2.2
Sialic acid	2.1	6.1
Fucose:Glucose:Galactose..........	ca. 1:2:3	ca. 1:2:4
Isoagglutination inhibition against 4 unit antibody	$1.39\,\mu g$	$4.4\,\mu g$

organs, I thought it would be better to use the term 'hematoside' to call the glycosphingoside having sialic acids in addition to neutral sugars but no hexosamines.

Now, too many complex glycolipids have been reported, especially from crude mixture of brain ganglioside fraction (KLENK and GIELEN, 1963; KUHN and WIEGANDT, 1963, 1964; SVENNERHOLM, 1964; JOHNSON and McCLUER, 1964) and the nomenclature is much confused, but the term 'globoside', 'hematoside' and 'ganglioside' are still convinient for the rough classification of these 'mucolipids'.

Equine hematoside has molecular composition of acylsphingosine, glucose, galactose and N-glycolylneuraminic acid in equimolar amount. The constitutional formula was reported as N-glycolylneuraminyl(2→3)galactosyl(1→4)glucosyl ceramide by KLENK and PADBERG (1962). The same result was reported later by HANDA and YAMAKAWA (1964). They also reported the formula of canine erythrocyte hematoside which was similar to equine material but the amino group of its sialic acid was substituted 73% by acetyl and 27% by glycolyl group, whereas KLENK and HEUER (1960) reported it was only N-acetylneuraminic acid. One more sialic acid was found to attach to the 8th hydroxyl of hematoside sialic acid in cat's material. They were exclusively N-glycolylneuraminic acids (HANDA and HANDA, 1965). The sialic acids were easily liberated by neuraminidase prepared from cholera vibrio culture filtrate.

Fatty Acid Composition of Red Cell Glycolipids

Glycolipids of erythrocytes were analyzed for their fatty acid composition by gas-liquid chromatography. The results are summarized in Table 3. It seems the aged material and the material purified by thin-layer chromatography gave relatively smaller amount of unsaturated acids. Therefore, some instances in this Table might have to be corrected with more fresh material.

Table 3. *Fatty acid composition of erythrocyte glycolipids*

	14:0	16:0	18:0	18:1	20:0	22:0	22:1	23:0	24:0	24:1	26:0
Human											
Ceramidelactoside	2	6	4	—	2	14	—	—	48	24	—
Globoside I	1	6	2	1	1	12	—	3	35	40	—
Bovine											
Mucolipid I	—	11	34	44	1	2	—	—	6	1	—
Mucolipid II	—	10	26	15	1	6	—	2	28	9	—
Sheep											
Mucolipid.......	—	5	13	5	1	11	—	3	39	24	—
Equine											
Mucolipid.......	—	2	12	—	—	8	3	—	64	2	8
Cat											
Mucolipid.......	—	2	2	—	1	9	1	3	33	50	—
Dog											
Mucolipid.......	—	6	45	2	—	6	—	—	15	27	—
Guinea-pig											
Mucolipid.......	—	—	—	—	—	26	—	5	69	—	—
Human											
Group-mucolipid											
MeOH-insoluble*	—	—	—	—	—	8.1	—	2.4	89.5	—	—
MeOH-soluble* ..	—	19.7	10.7	2.3	3.8	22.9	1.1	2.3	26.8	7.8	—
Equine											
Mucolipid**.....	—	—	—	—	—	14.2	—	3.0	76.4	6.0	—
Dog											
Mucolipid***....	—	0.8	1.4	—	0.8	11.5	—	3.1	34.2	47.6	—

* KOSCIELAK (1963)

** KLENK and PADBERG (1962)

*** KLENK and HEUER (1960)

The Serological Significance of Erythrocyte Glycolipids

The elucidation of the structure of mucolipid led us to assume the sugar moiety of these material might be correlated to the serological specificity. Actually, YAMAKAWA and IIDA (1953) found human erythrocyte glycolipid (formerly designated as 'globoside') could inhibit the hemagglutination of erythrocytes of a given blood group by its corresponding isoantibody. The glycolipid indicated the greatest inhibitory activity as compared with other fractions, such as phospholipid and polysaccharide fraction and the activity was group-specific (YAMAKAWA, MATSUMOTO and SUZUKI, IIDA, 1956). Meanwhile, a glycolipid from sheep erythrocytes inhibited the hemolysis of sheep cells by heterophile antibody (PAPIRMEISTER and MALLETTE, 1955).

In early days, attempts were made to extract organ-specific or blood group-specific materials with organic solvents and the results suggested that the effective components were lipoidal in nature. Later, this concept became out-dated and a role of polysaccharide in antigenicity was indicated. Only the classical examples of FORSSMAN and WASSERMANN antigens, which were first obtained as alcoholic extract of guinea-pig kidney and bovine heart were considered to be of lipoidal nature. As for the ABO blood group, the earlier view that isoagglutinogen was lipid was replaced by the carbohydrate theory and the investigation by using mucoid material from secretions such as gastric mucin, pseudomucinous ovarian cyst fluid, saliva, meconium, *etc.* have made a splendid advance of elucidating structures involved in antigenic specificity. Our results that the active substance of erythrocyte is a mucolipid was criticized by KABAT (1956) who doubted the possible contamination of group mucoid. However, RADIN (1957) fractionated the glycolipid of human erythrocytes by cellulose chromatography and a number of anthrone-positive peaks were found but the group activities were separated from the main glycolipid peak. In the case of AB-red cells, partial separation of the A and B activities occurred. However, probably the poor yield of active material discouraged him from further work. Similar studies were carried out by HAKOMORI and JEANLOZ (1961). KLENK (1960) mentioned in his review of 'hemagglutination' that he had recognized group-specific activity in his glycolipid. Furthermore there appeared a number of results supporting the lipoidal character of erythrocyte antigen (HAMASATO, 1950; NOWOTNY and BACKHAUSZ, 1957; KOSCIELAK and ZAKRZEWSKI, 1960). After purification by silicic acid chromatography (YAMAKAWA, OTA, ICHIKAWA and OZAKI, 1958; YAMAKAWA, IRIE and IWANAGA, 1960), active material was separated from main glycolipid peak (Globoside I) and further divided into two separate fractions;

the glucosamine/galactosamine ratio of anterior fraction was 1 and that of the posterior fraction was 1.5 (Figs. 2 and 3, dotted line). By the same procedure, group-active mucoid from ovarian cyst fluid could not be eluted by the organic solvents but passed straight through by water, suggesting the active material of erythrocyte surface was not a mucoid. Furthermore, it was precipitated by potent anti-A rabbit serum. The material recovered from the precipitate was found to exert a characteristic mucolipid spectrum in the infra-red determination (YAMAKAWA and IRIE, 1960). KOSCIELAK (1963) and HANDA (1963) carried out more detailed studies on the erythrocyte group-mucolipid and presented the chemical and immunochemical properties of the final products. The group materials from erythrocytes differ from mucoid material in that they are mucolipids composed of ceramide, glucose, galactose, N-acetylglucosamine, N-acetylgalactosamine, fucose and sialic acid, whereas the latter contains amino acids in addition but is devoid of ceramide, glucose and sialic acid. The analytical values of purified group mucolipids differed from preparation to preparation but the results by KOSCIELAK and by HANDA are fairly similar except the content of sialic acid (Tab. 4).

Table 4. *Analytical data of group materials from erythrocytes*

	Sugar	Hexosamine	Sialic acid	Fucose
KOSCIELAK				
A-substance				
Methanol-soluble	43.0*	15.8	10.4	1.2
Methanol-insoluble	41.4*	12.1	10.9	2.3
HANDA				
A-substance				
from E-M	38.2	14.5	4.7	2.8
from C-M	23.2	9.2	2.5	2.9
B-substance				
from E-M	39.4	12.9	0.8	0.6
YAMAKAWA-NISHIMURA				
Globoside II	38.5	15.6	2.1	3.1
(mostly from A-cell)				

* reducing value

From the relatively high value of glucosamine/galactosamine of Koscielak's material, 3.0, it can reasonably be assumed that his preparation is closely similar to Globoside III (Ref. Tab. 2). It is

of some interest that the contents of sialic acid and fucose are less
in B-material than A-material (HANDA, 1963). Among the materials
in Tab. 4, it appears only Globoside II is homogeneous on thin-
layer chromatography. These materials were of the same order of
activity as substances from secretions on precipitin assays or in
hemagglutination inhibition. KOSCIELAK noticed an interesting
phenomenon that the low-active methanol-soluble glycolipid became
much more active after addition of inactive 'carrier' lipid. Since
these glycolipids form a micellar solution in water the potency

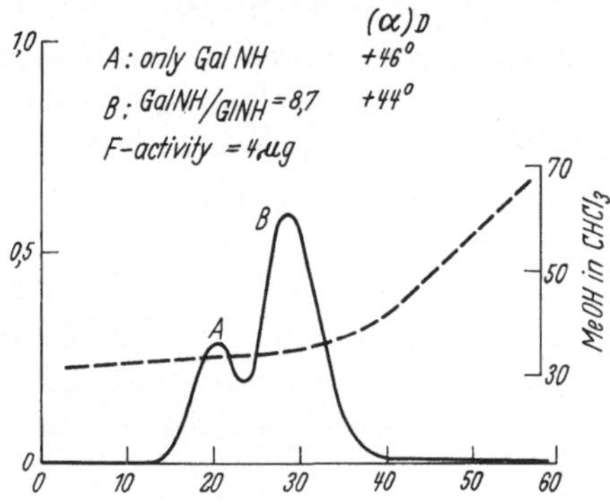

Fig. 17. Further separation of Forssman-active sheep erythrocyte mucolipid by gradient
elution chromatography on silicic acid with chloroform-methanol. Fr. IV of Fig. 7 was
separated into peaks A and B. A contained no glucosamine. Both materials were F-active

could not often be adequately measured by simple serological assay
without addition of a proper auxially lipid. The A-group mucolipid
gave a single line in agar gel with a rabbit antiserum against human
A red cells, but the line showed only partial fusion with the band
formed by ovarian cyst A substance or by hog gastric mucin
(HANDA). Furthermore, the activity of erythrocytes, mucoid and
mucolipid could be reduced by the decomposing enzyme (FUJISAWA,
FURUKAWA and ISEKI, 1963). These findings indicate that the
determinant sugar moieties of both type of group substances are
very similar in structure.

Forssman Activity. It is of interest that the FORSSMAN haptenic
activity of sheep and cat erythrocytes was easily split off by
methanol-ether extraction of stroma and the C.M.-glycolipid had
almost no activity, while ABO-blood group activity of human erythrocytes was present in both M.E.- and C.M.-extracts. The F-activ-

ity was eluted in the same position by silicic acid chromatography in every case of erythrocytes and organs such as guinea-pig kidney, equine spleen and kidney (Figs. 7, IV; 9, IV).

The F-active sheep erythrocyte mucolipid (Fig. 7, IV) contained both glucosamine and galactosamine. By the gradient elution with chloroform-methanol on silicic acid column chromatography, the glycolipid peak was divided into two (Fig. 17). The former glyco-lipid was free from glucosamine and in the latter the ratio of glucosamine to galactosamine was $1:8$.

The F-activity of them were about the same. Both materials contained glucose and galactose in a ratio of $1:2$ and resembled to human Globoside I in this respect. However, the $[\alpha]_D$ of sheep material was $+45°$ and human mucolipid was $+19°$.

Recently, F-active mucolipid was purified from equine kidney which had also $[\alpha]_D = +48°$ in pyridine (MAKITA, unpublished). Probably the non-reducing terminal sugar structure responsible for F-activity is probably α N-acetylgalactosaminoyl(1→3)galactoside (CHEESE and MORGAN, 1961), which might be a reason why F-active mucolipid has larger dextrorotation than Globoside I.

References

BLIX, G.: Z. physiol. Chem. **240**, 43 (1936).

— Skand. Arch Physiol., **80**, 46 (1938)

—, L. SVENNERHOLM, and I. WERNER: Acta chem. Scand. **4**, 717 (1950); **6**, 358 (1952).

CHEESE, I. A. F. L., and W. Y. J. MORGAN: Nature (Lond.) **191**, 149 (1961).

FUJISAWA, K., K. FURUKAWA, and S. ISEKI: Proc. Jap. Acad. **39**, 319 (1963).

GOTTSCHALK, A.: The chemistry and biology of sialic acids and related substances. London: Cambridge Univ. Press, 1960.

HAKOMORI, S.: J. Biochem. (Tokyo) **55**, 205 (1964).

—, and R. W. JEANLOZ: J. biol. Chem. **236**, 2827 (1961); **239**, PC 3606 (1964)

HAMASATO, Y.: Tokoku J. exp. Med. **52**, 17, 29, 35 (1950).

HANAHAN, D. J., J. C. DITTMER, and E. WARASHINA: J. biol. Chem. **228**, 685 (1957).

HANDA, N., and S. HANDA: Jap. J. exp. Med., **35**, 332 (1965).

HANDA, S.: Jap. J. exp. Med. **33**, 347 (1963).

—, and T. YAMAKAWA: Jap. J. exp. Med. **34**, 293 (1964).

HORI, T., O. ITASAKA, and T. HASHIMOTO: J. Biochem. (Tokyo) **55**, 1 (1964).

JOHNSON, G. A., and R. H. McCLUER: Biochim. biophys. Acta (Amst.) **84**, 587 (1964).

KABAT, E.: Blood group substances. New York: Acad. Press 1956.

Klenk, E.: Hoppe-Seylers Z. physiol. Chem. **235**, 24 (1935).
— Hoppe-Seylers Z. physiol. Chem. **268**, 50 (1941).
— Hoppe-Seylers Z. physiol. Chem. **273**, 76 (1942).
— Hoppe-Seylers Z. physiol. Chem. **288**, 216 (1951).
— Angew. Chem. **72**, 482 (1960).
—, and W. Gielen: Hoppe-Seylers Z. physiol. Chem. **319**, 283 (1960).
— — Hoppe-Seylers Z. physiol. Chem. **323**, 126; **326**, 144, 158 (1961).
— — Hoppe-Seylers Z. physiol. Chem. **330**, 218 (1963).
—, and K. Heuer: Dtsch. Z. Verdau- u. Stoffwechselkr. **20**, 180 (1960).
—, and K. Lauenstein: Hoppe-Seylers Z. physiol. Chem. **288**, 220 (1951).
— — Hoppe-Seylers Z. physiol. Chem. **291**, 249 (1952).
— — Hoppe-Seylers Z. physiol. Chem. **295**, 164 (1953).
—, and G. Padberg: Hoppe-Seylers Z. physiol. Chem. **327**, 249 (1962).
—, and F. Rennkamp: Hoppe-Seylers Z. physiol. Chem. **273**, 253 (1942).
—, and G. Uhlenbruck: Hoppe-Seylers Z. physiol. Chem. **311**, 227 (1958).
—, and H. Wolter: Hoppe-Seylers Z. physiol. Chem. **291**, 259 (1952).
—, H. Faillard, F. Weygand, and H. H. Schöne: Hoppe-Seylers Z. physiol. Chem. **304**, 35 (1956).
Koscielak, J.: Biochem. biophys. Acta (Amst.) **78**, 313 (1963).
—, and K. Zakrzewski: Nature (Lond.) **187**, 516 (1960).
Kuhn, R., u. H. Egge: Chem. Ber. **96**, 3338 (1963).
— —, R. Brossmer, A. Gauhe, P. Klesse, W. Lochinger, E. Böhm, H. Trischmann und D. Tschampel: Angew. Chem. **72**, 805 (1960).
—, A. Gauhe und H. H. Baer: Chem. Ber. **87**, 1138 (1954).
—, H. Trischmann und I. Löw: Angew. Chem. **67**, 32 (1955).
—, u. H. Wiegandt: Z. Naturforsch. **18b**, 542 (1963).
— — Z. Naturforsch. **19b**, 256 (1964).
Lea, C. H., D. N. Rhodes, and R. D. Stoll: Biochem. J. **60**, 353 (1955).
Makita, A.: J. Biochem. (Tokyo) **55**, 269 (1964).
—, M. Iwanaga, and T. Yamakawa: J. Biochem. (Tokyo) **55**, 202 (1964).
—, and T. Yamakawa: J. Biochem. (Tokyo) **51**, 126 (1962).
— — Jap. J. exp. Med. **33**, 361 (1963).
— — J. Biochem. (Tokyo) **55**, 365 (1964).
Matsumoto, M.: J. Biochem. (Tokyo) **43**, 53 (1956).
Nowotny, A., and E. Backhausz: Acta physiol. Acad. Sci. hung. **12**, 53 (1957).
Papirmeister, B., and M. F. Mallette: Arch. Biochem. **57**, 94 (1955).
Radin, N. S.: Fed. Proc. **16**, 825 (1957).
Rapport, M. M., L. Graf, and J. Yariv: Arch. Biochem. **92**, 438 (1961).
— —, and H. Schneider: Arch Biochem. **105**, 431 (1964).
— —, V. P. Skipski, and N. F. Alonzo: Cancer (Philad.) **12**, 438 (1959).
Svennerholm, L.: Acta chem. scand. **9**, 1033 (1955).
— J. Lipid Res. **5**, 145 (1964).
Svennerholm, E., and L. Svennerholm: Acta chem. scand. **16**, 1282 (1962).
Sweeley, C. C., and B. Walker: Anal. Chem. **36**, 1461 (1964).
Weiss, B.: J. biol. Chem. **223**, 523 (1956).
Yamakawa, T.: J. Biochem. (Tokyo) **43**, 867 (1956).
—, and T. Iida: Jap. J. exp. Med. **23**, 327 (1953).

—, and R. Irie: J. Biochem. (Tokyo) **48**, 919 (1960).
— —, and M. Iwanaga: J. Biochem. (Tokyo) **48**, 490 (1960).
—, S. Nishimura and M. Kamimura: Jap. J. exp. Med. **35**, 201 (1965).
—, N. Kiso, S. Handa, A. Makita, and S. Yokoyama: J. Biochem. (Tokyo) **52**, 226 (1962).
—, M. Matsumoto, and S. Suzuki: J. Biochem. (Tokyo) **43**, **63** (1956).
— — —, and T. Iida: J. Biochem. (Tokyo) **43**, 41 (1956).
—, R. Ota, Y. Ichikawa et J. Ozaki: C. R. Soc. Biol. (Paris), **152**, 1288 (1958).
—, and S. Suzuki: J. Biochem. (Tokyo) **38**, 199 (1951).
— — J. Biochem. (Tokyo) **39**, 175 (1952).
— — J. Biochem. (Tokyo) **39**, 393 (1952).
— — J. Biochem. (Tokyo) **40**, 7 (1953).
— —, and T. Hattori: J. Biochem. (Tokyo) **40**, 611 (1953).
—, and N. Ueta: Jap. J. exp. Med. **34**, 37 (1964).
—, S. Yokoyama, and N. Handa: J. biochem. (Tokyo) **53**, 28 (1963).

Über Sphingolipoidosen

Von H. Jatzkewitz

Biochemische Abteilung des Max-Planck-Instituts für Psychiatrie, München

Mit 7 Abbildungen

Sphingolipoidosen sind seltenere menschliche Erbkrankheiten mit autosomal recessivem Erbgang, die durch eine Vermehrung von Sphingolipoiden meist im Gehirn und oft in anderen Organen wie Milz, Niere, Knochenmark, Leber usw. hervorgerufen werden. Bei fast allen erwähnten Krankheitsgruppen treten frühkindliche Fälle

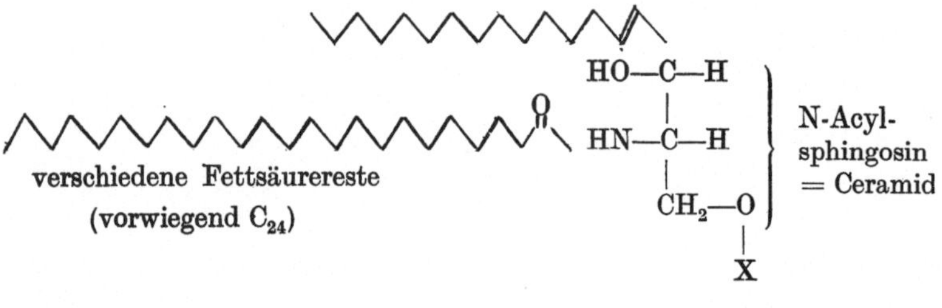

Sphingo-
glyko-
lipoide
(in glyko-
sidischer
Bindung)

X = Galaktose (im Gehirn)	= Galaktocerebrosid
= Glucose (z. B. in Milz)	= Glucocerebrosid
X = Galaktose-3-sulfat	= Cerebrosidsulfat (Sulfatid)
X = Glucose + Galaktose + N-Acetylgalaktosamin + N-Acetylneuraminsäure	= Ganglioside

Sphingo-
phosphatid   X = Phosphorylcholin   = Sphingomyelin
(in Ester-
bindung)

Abb. 1. Chemische Klassifizierung von Sphingolipoiden

mit schwerem Verlauf (Tod nach etwa $^1/_2$ bis $1^1/_2$jähriger Krankheitsdauer) bevorzugt in jüdischen Familien auf. Im folgenden soll nur der biochemische Aspekt dieser Erkrankungen behandelt werden.

Sphingolipoide sind Derivate des trifunktionellen C$_{18}$-Fettaminoalkohols Sphingosin (Abb. 1). Die Aminogruppe trägt einen höheren

Fettsäurerest in Säureamidbindung (das Amid heißt „Ceramid"). Die endständige primäre Hydroxylgruppe ist glykosidisch mit einer Hexose (Cerebroside), einem Hexosesulfat (Cerebrosidsulfate) oder einem Oligosaccharid verknüpft. Ist an den Oligosaccharidanteil N-Acyl- (meist N-Acetyl-)neuraminsäure (= Sialsäure) gebunden, so spricht man von Gangliosiden. Die bisher erwähnten Sphingolipoide bezeichnet man auch als Sphingoglykolipoide. Ihnen stehen die Sphingomyeline als Sphingophosphatide gegenüber, die an Stelle des Zuckeranteils esterartig gebundenes Phosphorylcholin enthalten.

Alle genannten Sphingolipoidarten können pathologisch gespeichert werden: Glucocerebrosid[1] und selten Ceramidlactose

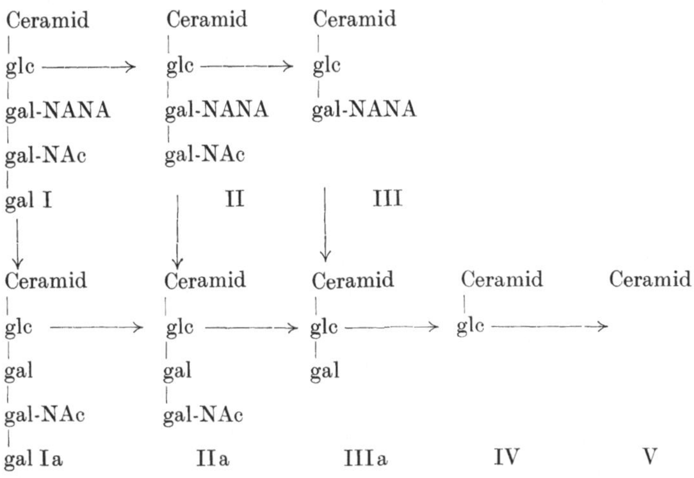

(glc = Glucose; gal = Galaktose; gal-NAc = N-Acetylgalaktosamin; NANA = N-Acetylneuraminsäure. Über die Art der glykosidischen Verknüpfung dieser Komponenten in I unterrichten die unter [10 u. 11] erwähnten Arbeiten)

Abb. 2. Schema zum möglichen biologischen Abbau der Monosialoganglioside im Gehirn

(Abb. 2, IIIa)[2] bei der Gaucherschen Erkrankung, Cerebrosidsulfate[3,4] bei der metachromatischen Leukodystrophie, Ganglioside[5] und ihre neuraminsäurefreien Derivate[6, 7] bei der amaurotischen Idiotie, Sphingoglykolipoide[8] auch bei der Fabryschen Erkrankung und Sphingomyelin[9] bei der Niemann-Pickschen Erkrankung.

Während die chemische Natur der Speichersubstanzen bei den meisten Sphingolipoidosen durch die klassischen Arbeiten von

Klenk aufgeklärt werden konnte, ließ sich eine Differenzierung der bei der amaurotischen Idiotie angehäuften Ganglioside erst nach besserer analytischer Differenzierung durch Dünnschichtchromatographie und nach ihrer Strukturaufklärung — vorwiegend durch Klenk und Gielen[10] und Kuhn und Wiegandt[11] — durchführen.

Im folgenden Schema (Abb. 2) werden die Monosialoganglioside (I, II, III), ihre neuraminsäurefreien Derivate (Ia, IIa, IIIa) und Abbauprodukte (IV, V) aufgeführt, soweit sie an der Speicherung bei der amaurotischen Idiotie beteiligt sind oder sein können.

Normalgehirn enthält nur Ganglioside vom Tetrasaccharidtyp in nennenswerter Menge, und zwar solche mit einem (I), zwei oder drei N-Acetylneuraminsäureresten[10,11,12]. Bei den kindlichen Fällen von amaurotischer Idiotie vom Typ „Tay-Sachs" wird dagegen das Monosialoceramidtrisaccharid II gespeichert[12]. Wir fanden zwei biochemische Sonderfälle: Bei einem spätinfantilen war I[6,7], bei einem kindlichen waren das Ceramiddisaccharid IIIa, in weit geringerem Maße das entsprechende Gangliosid III und in etwas größerem Ausmaß II vermehrt[13] (vgl. Abb. 3).

Da durch die lange Lagerung der beiden Gehirne in Formalin säurelabile Neuraminsäurereste von den Gangliosiden abgespalten werden[7,14], ist nicht auszuschließen, daß im ersten Fall ein Gangliosid mit mehr Neuraminsäureresten, ein sog. „höheres Gangliosid", im zweiten Fall das Ceramiddisaccharid mit einem (III) oder zwei N-Acetylneuraminsäureresten die eigentliche Speichersubstanz war.

Immer war die Vermehrung eines Gangliosids (I, II) von einer Vermehrung des entsprechenden neuraminsäurefreien Derivates (Ia, IIa) begleitet. Die quantitativen Verhältnisse wurden mit einer neuen Methode zur Ultramikrobestimmung von Sphingolipoiden aus Gehirn und anderen Organen ermittelt[15] und sind in Abb. 3 dargestellt. Danach machen bei den infantilen Fällen das Tay-Sachs-Gangliosid II und sein neuraminsäurefreies Derivat IIa etwa 80 bis 90% der Gesamtganglioside aus. Der Gehalt an Gesamtgangliosid und Derivaten war gegenüber der Norm um das Vier- bis Zehnfache erhöht.

Die Menge eines Lipoids in einem Organ wird durch das Gleichgewicht von fortlaufender Synthese und Abbau bestimmt. Für die Anhäufung einer bestimmten Substanz bei einer dem recessiven

Erbgang folgenden Erkrankung ist ein Defekt im Struktur-Gen und des von ihm determinierten, abbauenden Enzyms wahrscheinlicher. Damit übereinstimmend wurde erst kürzlich gefunden, daß in der Milz von Gaucher-Kranken das Enzym defekt ist, welches Glucocerebrosid (IV) in Ceramid (V)[16] überführt und — wie später gezeigt wird — in der Niere von an metachromatischer Leukodystrophie Erkrankten dasjenige, welches Cerebrosidsulfate zu Cerebrosiden abbaut. Nimmt man die gleiche Ursache, eine Abbaustörung, für die Vermehrung der Ganglioside und ihrer Derivate bei der amaurotischen Idiotie an, so kann man unter Berücksichtigung der biochemischen Sonderformen im Formelschema (Abb. 2) hinter I und Ia, hinter II und IIa und (wahrscheinlich hinter III und) IIIa Pfeile setzen zur Kennzeichnung des Abbaus und senkrechte Striche durch die Pfeile zur Kennzeichnung möglicher enzymatischer Blocks für seine Störung bei der amaurotischen Idiotie. Läßt man die senkrechten Striche fort und berücksichtigt man die strukturelle Verwandtschaft aller Stamm- und zu erwartenden Abbausubstanzen[11], dann bieten sich fast zwangsläufig zwei Wege für den Abbau der Monosialoganglioside im Normalgehirn an. Der eine (gestrichelte Pfeile) führt über die neuraminsäurefreien Derivate, der andere (ausgezogene Pfeile) über die niederen Gangliosidhomologen zum Ceramid.

Um zwischen ihnen zu entscheiden, wurden in-vitro-Versuche zum enzymatischen Abbau von Gangliosiden und neuraminsäurefreien Gangliosidderivaten unternommen. Untersuchungen anderer Autoren[17], die einen Abbau von Gangliosiden mit Menschen- und Rattenhirnextrakten erzielt haben wollen, konnten nicht reproduziert werden. Es gelang aber[18], mit Nieren-, Milz- und Hirngewebeextrakten aus Säugern das Ceramidtetrasaccharid Ia über das folgende -trisaccharid IIa und -disaccharid IIIa und über das Glucocerebrosid IV zu Ceramid (V) abzubauen. Die enzymatische Aktivität der Hirnextrakte war jedoch gering, so daß nicht geklärt werden konnte, ob das Monosialogangliosid I im Gehirn über das neuraminsäurefreie Derivat Ia oder über seine niederen Homologen II und III abgebaut wird. Immerhin deutet der enzymatische Abbauweg auf die erstgenannte, die gleichzeitige Anhäufung vom IIIa, III und II (im Verhältnis etwa 10:2:3) bei dem zuvor erwähnten biochemischen Sonderfall von infantiler amaurotischer Idiotie auf die zweite Möglichkeit hin. Vielleicht werden auch beide Wege benutzt.

8*

Der letzte Schritt des von unserem Enzymsystem katalysierten Abbaus (IV →V) — in seltenen Fällen der vorletzte Schritt (III a → IV) — ist mit dem identisch, der bei der Gaucherschen Erkrankung blockiert ist. Doch ist

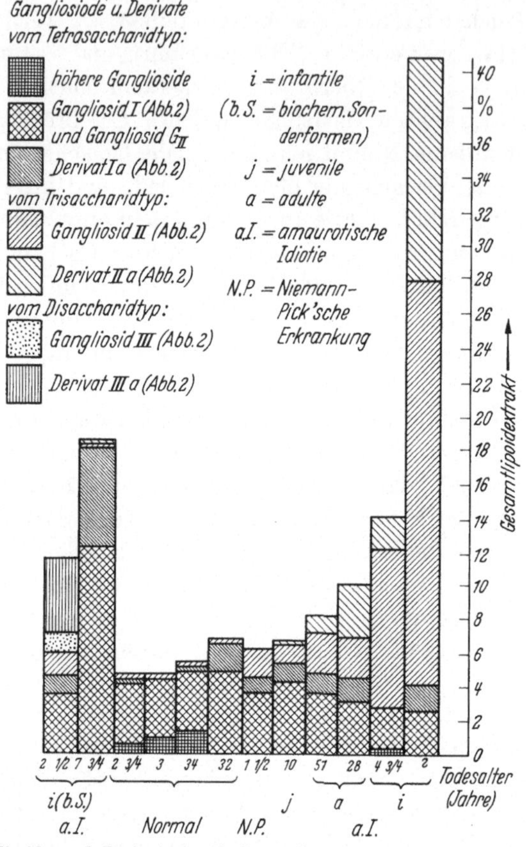

Abb. 3. Ganglioside und Derivate in % Gesamtlipoidextrakt von Hirnrinde. (Mit freundlicher Genehmigung von Pergamon-Press, Oxford)

unser Enzympräparat wahrscheinlich nicht identisch mit dem, das bei Gaucher-Kranken in der Milz fehlt. Es zeigt ein anderes pH-Optimum und eine andere subcelluläre Lokalisation. Seine Bedeutung im physiologischen und pathologischen Geschehen ist noch unklar.

Die im Schema aufgeführten Ganglioside I und II sind spezifische Substanzen der Nervenzelle. Ihre Vermehrung bei der amaurotischen Idiotie trifft daher vorwiegend, im Falle der II-Speicherung ausschließlich, das Gehirn. Doch waren bei beiden biochemischen Sonderfällen, also bei I- und III- oder IIIa-Vermehrung (III ist auch das Hauptgangliosid der Milz!) die visceralen Organe wie Milz, Thymus, Leber mit betroffen. Nimmt man einen einzigen Gen-Defekt bei den Kranken an, dann muß ein Teil des Abbauweges der Ganglioside im Gehirn und der Ganglioside oder verwandter Substanzen in den anderen erwähnten Organen von denselben Enzymen gesteuert werden.

Ich sprach eben von einem einzigen genetisch verursachten Block. Es muß hier aber erwähnt werden, daß sowohl bei den Kindern mit Tay-Sachsscher Erkrankung als auch bei den heterocygoten Erbträgern — bei 52 von 53 Eltern — die Fructose-1-phosphataldolase im Serum fehlt[19]. Bisher ist völlig ungeklärt, welche Beziehungen zwischen dem Aldolasemangel im Serum und dem Gangliosidstoffwechsel im Gehirn besetehen.

Jede Sphingolipoidose kann im Kindes-, Jugend- oder Erwachsenenalter auftreten. Die Speicherung einer Sphingolipoidart ist — soweit untersucht[3,20] — bei den kindlichen Fällen am größten. Bei später einsetzendem Krankheitsverlauf ist sie geringer ausgeprägt. Sieht man sich die Lipoidmuster in Abb. 3 an, so scheint dies auch zumindest bei einem Erwachsenenfall für die Gangliosidspeicherung bei der amaurotischen Idiotie zuzutreffen. Doch ist die Speicherung von Tay-Sachs-Gangliosid (II) und dessen neuraminsäurefreiem Derivat (IIa) bei dem untersuchten Fall von juveniler Form geringer als die Anhäufung derselben Substanzen bei einem Fall von Niemann-Pickscher Erkrankung, bei der primär Sphingomyelin vermehrt ist. Es sieht demnach so aus, als könnten juvenile und adulte Formen der amaurotischen Idiotie in biochemischer Sicht entweder protrahierte Varianten der infantilen Form sein oder aber andere Ursachen haben bei klinisch ähnlichem Verlauf. Die letztgenannte Möglichkeit wurde vor allem durch histochemische, aber auch biochemische Untersuchungen erhärtet[21]. Auch hier können die visceralen Organe mit betroffen sein[22].

Zur Vervollständigung der Liste von Krankheiten, die mit Ceramidoligosaccharidspeicherung einhergehen, sei hier noch die Fabrysche Erkrankung genannt. Sie äußert sich auffällig als Hauterkrankung, als besondere Art von Angiokeratom. Bei ihr werden besonders in der Niere und in den Blutgefäßen Ceramid-glucose-galaktose-galaktose und in geringerer Menge Ceramid-galaktose-galaktose gespeichert[3]. Substanzen dieser Zusammensetzung wurden aus normaler menschlicher Niere isoliert[23].

Zum Vergleich für die Höhe des Gangliosidspiegels im Gehirn bei der juvenilen Form der amaurotischen Idiotie wurde — wie erwähnt (Abb. 3) — ein Fall von Niemann-Pickscher Erkrankung herangezogen. Sie ist Folge einer Sphingomyelinanhäufung[9]. Daß daneben auch Tay-Sachs-Gangliosid im Gehirn erscheint (Abb. 3), kann sekundär bedingt sein. Wir haben geringe Mengen dieser Substanz bei allen Störungen des Gangliosidstoffwechsels gesehen, wo sie

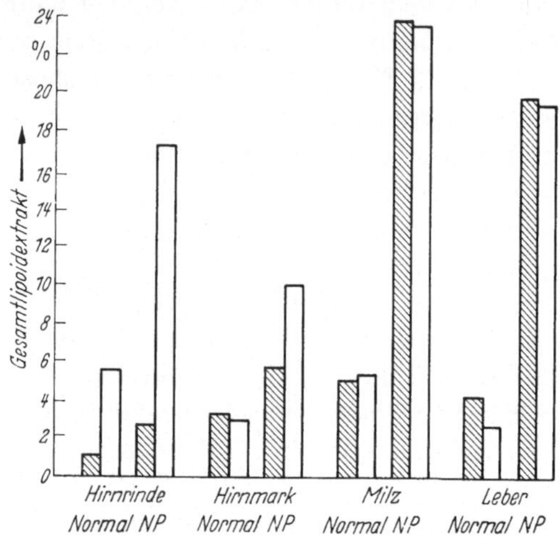

Abb. 4. C_{24}- und C_{18} □-Sphingomyeline in verschiedenen menschlichen Organen bei einem Fall Niemann-Pickscher Erkrankung = NP (Tod mit $1^{1}/_{2}$ Jahren) und einem entsprechenden Normalfall

nicht primäres Speicherprodukt war. Wie aus Abb. 4 hervorgeht, ist das Sphingomyelin mit dem Stearinsäurerest (= C_{18}-Sphingomyelin) hirnrindenspezifisch, das mit dem Lignocerin- und Nervonsäurerest (= C_{24}-Sphingomyelin) mark-(= myelin-)spezifisch[21,25]. Streng genommen dürfte daher nur das C_{24}-Derivat als Sphingo-„myelin" bezeichnet werden. Beide Typen lassen sich dünnschichtchromatographisch trennen und sind daher leicht quantitativ zu bestimmen[15,25]. Im Gehirn des Niemann-Pick-Falles war die Menge des C_{18}-Sphingomyelins in Rinde und Mark auf das Dreifache erhöht, des C_{24}-Sphingomyelins auf das Eineinhalb- bis Zweifache. In den visceralen Organen war die Speicherung wesentlich höher. Sie betrug z. B. in der Milz, auf den Gesamtlipoidextrakt bezogen, das Vierfache, auf das Trockengewicht bezogen, sogar das Vierundzwanzigfache des Normalgehalts. Auch bei dieser Krankheit konnte bei Einbaustudien mit radioaktivem Phosphat in das Sphingo-myelin eine vermehrte Synthese nicht nachgewiesen werden[26]. Es liegt also nahe, auch hier eine generalisierte Störung im Sphingo-myelinabbau durch eine defekte Sphingomyelinase anzunehmen.

Der Defekt im abbauenden Enzymsystem konnte von uns direkt bei einem Fall von metachromatischer Leukodystrophie nachge-wiesen werden. Die metachromatische Leukodystrophie führt — wie schon der Name andeutet — zum totalen Markzerfall im Gehirn und

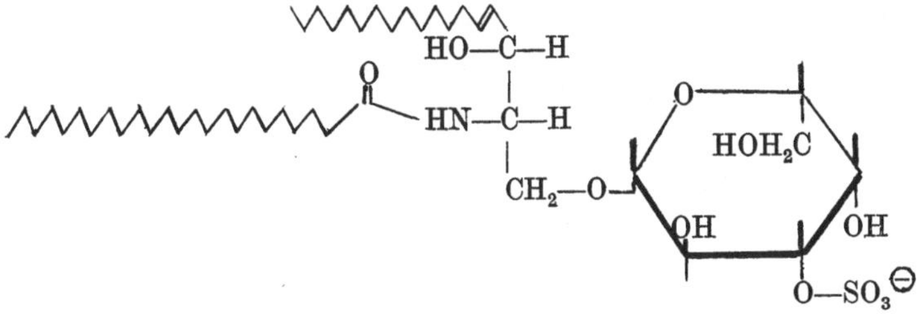

Ceramidgalaktose-3-sulfat
= Cerebrosid-(hier Kerasin-)sulfat (VI)

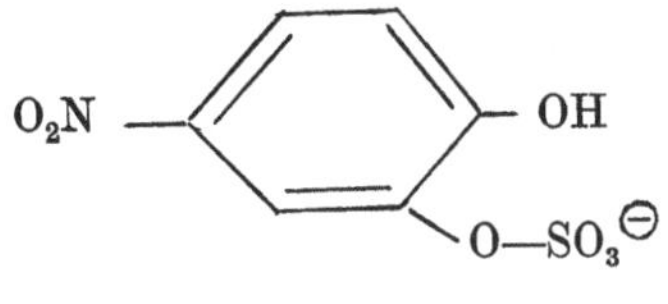

2-Hydroxy-5-nitrophenylsulfat (VII)

Abb. 5. Substrat (VI) der Cerebrosidsulfatase und (VII) ihrer hitzelabilen Komponente, der Arylsulfatase A

damit zum Tode des Patienten. Anders als die vorerwähnten Sphin-golipoidosen stellt sie sich als reine Entmarkungskrankheit dar, die durch eine Vermehrung der markspezifischen Cerebrosidsulfate im Gehirn auf das etwa Zwei- bis Fünffache hervorgerufen wird. Eine Anhäufung von Cerebrosidsulfaten tritt jedoch auch in anderen Organen, vor allem in der Niere[4] mit etwa gleichem Faktor wie im Gehirn auf. Aus mehreren Gründen wurde Niere dem Gehirn als Ausgangsmaterial für die folgenden Untersuchungen vorgezogen.

Im Vergleich zu anderen Entmarkungskrankheiten war der Cerebrosidgehalt im Gehirn der Kranken[27] vermindert. Es lag daher nahe anzunehmen, daß bei ihnen eine generalisierte Störung desjenigen Enzyms vorlag, das in das Turnover der Cerebrosidsulfate eingreift und sie zu Cerebrosiden abbaut, also eine defekte Cerebrosidsulfatase[27].

Nachdem erstmalig Enzympräparationen mit Cerebrosidsulfataseaktivität aus Säugerniere erhalten worden waren[23], erschien im Verlauf weiterer Anreicherungsversuche eine Arbeit von Austin[29], in der gezeigt wurde, daß die Organe der Kranken eine sehr verringerte Arylsulfatase A-Aktivität aufwiesen. Das Substrat der Arylsulfatase A ist 2-Hydroxy-5-nitrophenylsulfat. Die Verschiedenheit dieses Substrats von dem der Cerebrosidsulfatase ist in Abb. 5 dargestellt. Von der Voraussetzung ausgehend, daß auch bei dieser, dem recessiven Erbgang folgenden Erkrankung nur ein

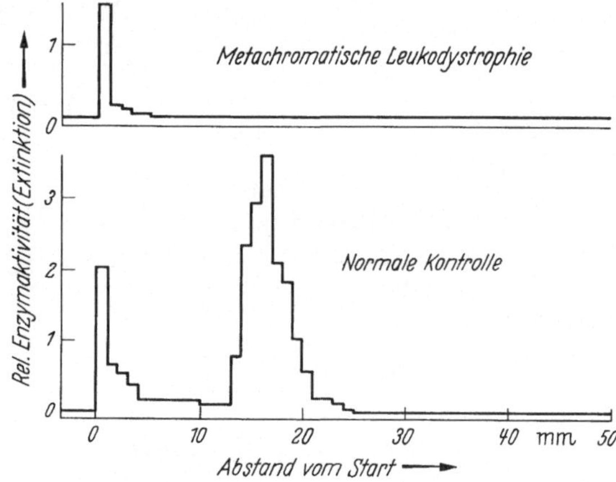

Abb. 6. Vergleich der Arylsulfataseaktivität in Extrakten normaler Niere und Niere eines Falles von metachromatischer Leukodystrophie nach Standard-Disc-Elektrophorese in Polyacrylamid-Gel (7,5%) bei pH 8,9. Die Gel-Säule wurde in 1 mm dicke Scheiben geschnitten, die bei pH 4,5 mit VII (Abb. 5) inkubiert wurden. Als Maß für die Enzymaktivität diente die Extinktion des freigesetzten Diphenols in alkalischer Lösung bei 515 mμ. — Im pathologischen Nierenextrakt fehlt die Hauptkomponente mit Arylsulfatase A-Aktivität. (Mit freundlicher Genehmigung von Academic Press Inc., New York)

einziger, genetisch bedingter Enzymdefekt Ursache ist, wurde nach einem Zusammenhang von Cerebrosid- und Arylsulfatase auf molekularer Ebene gesucht. Es ergab sich, daß beim letzten Reinigungsschritt durch trägerfreie Hochspannungselektrophorese bei pH 5,1 maximale Cerebrosidsulfataseaktivität erst nach Vereinigung zweier höher molekularer Fraktionen erhalten werden konnte, von denen die eine hitzelabil, die andere hitzestabil war. Die hitzelabile zeigte Arylsulfatase A-Aktivität. Andere organische Schwefelsäureester wurden, soweit untersucht, nicht angegriffen[30]. Durch Vergleich der

Pherogramme nach Disc-Elektrophorese von Extrakten autoptisch erhaltener Kontrollnieren und denen einer Niere von einem an metachromatischer Leukodystrophie Gestorbenen konnte gezeigt werden, daß bei dem Kranken die hitzelabile Komponente mit Arylsulfatase A-Aktivität ausgefallen war[31] (Abb. 6). Als Folge davon war die Cerebrosidsulfataseaktivität, mit radioaktiven Sulfatiden als Substrat getestet, unter die Nachweisgrenze (<0,3% der Kontrolle) abgesunken.

Wenn diese Untersuchungen auch keinen Aufschluß über die physiologische Rolle der Arylsulfatasen in Säugerorganen geben, so haben sie doch gezeigt, daß zumindest ein Teil der Arylsulfatase A Bestandteil eines Enzyms ist, das die physiologisch wichtigen Cerebrosidsulfate umsetzt.

Wir haben eben die Frage nach der physiologischen Rolle der Arylsulfatasen aufgeworfen und wollen am Schluß noch einige andere ungelöste Fragen erörtern: Zu unserer Überraschung war der Patient, in dessen Niere weder Arylsulfatase A-, noch Cerebrosidsulfataseaktivität nachgewiesen werden konnte, mit 17 Jahren erkrankt. Er starb mit 20 Jahren. Die Erkrankungsdauer betrug demnach 3 Jahre. Sie war damit etwas länger als bei den kindlichen Fällen mit schwerem Verlauf. Hier beträgt sie 1 bis 2 Jahre. Hat der Patient bis zu seinem 17. Lebensjahr ohne Sulfatase gelebt? Wenn nicht, und wenn unsere Methoden nicht zu unempfindlich waren, um sehr geringe Aktivitäten nachzuweisen, müßte man an einen gleichzeitigen Enzymdefekt oder an eine gleichzeitige Regulationsstörung nach der Differenzierung in allen Organen denken, wo die Sulfatide eine Rolle spielen. Und im Zusammenhang damit sucht man nach einer zwanglosen Erklärung auf molekularbiologischer Ebene (defektes Struktur-Gen!) dafür, daß Krankheiten, die so selten sind, in allen Altersstufen zum Ausbruch kommen. Man fragt, warum die Entmarkungskrankheit „metachromatische Leukodystrophie" bei Kindern frühestens erst nach Hauptvollendung der menschlichen Markscheide, etwa ein Jahr nach der Geburt klinisch in Erscheinung tritt. Abb. 7 gibt darauf vielleicht eine Antwort. Vergleichende orientierende Voruntersuchungen[32] über die Aktivität der lysosomalen sauren Phosphatase, Arylsulfatase und Cerebrosidsulfatase des Kaninchengehirns in Abhängigkeit vom Alter zeigen nämlich, daß die Aktivität der Cerebrosidsulfatase und damit ihre regulative Wirkung ständig ansteigt und ihr Maximum erst nach Hauptvollendung der Markscheide (etwa 8 bis 20 Wochen nach der Geburt; beim Menschen etwa ein Jahr nach der Geburt) erreicht.

Die lange Erkrankungsdauer auch bei Kindern wird mit der geringen Aktivität des Enzyms (vgl. Abb. 7) zusammenhängen. Die geringe Enzymaktivität, deren Ausfall die Anhäufung relativ inerter Stoffwechselprodukte mit physiologisch spezialisierten Aufgaben bewirkt,

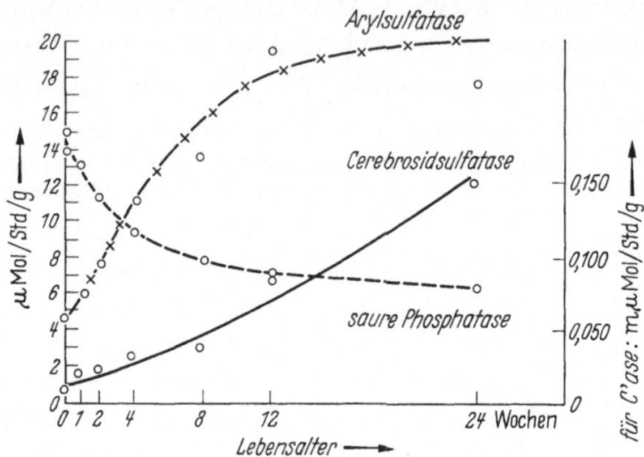

Abb. 7. Aktivität dreier Hydrolasen im Kaninchengehirn in Abhängigkeit vom Alter (0 = Mittelwert aus zwei Bestimmungen)

erlaubt das Leben des erkrankten Individuums über längere Zeit. Vielleicht tritt darum die Speicherung vonSphingolipoiden klinisch in Erscheinung. Vielleicht ist darum bisher mit Sicherheit kein Fall mit Glycerinphosphatidspeicherung bekannt geworden, weil hier ein ähnlicher Enzymausfall zum Abort führen würde, und vielleicht aus gleichem Grund bisher nur ein Fall einer (autosomal dominant) vererbten Krankheit, der akuten intermittierenden Porphyrie, wo eine Störung im synthetisierenden Enzymsystem (als Folge eines defekten genetischen Regulationsmechanismus ?) bewiesen worden ist[33].

Nachtrag bei der Korrektur: Die auf S. 119 geäußerte Vermutung, daß die Niemann-Pick'sche Erkrankung durch eine defekte Sphingomyelinase verursacht wird, hat sich inzwischen durch Untersuchungen von R. O. Brady, J. N. Kanfer, M. B. Mock u. D. S. Fredrickson [Proc. nat. Acad. Sci. 55, 366 (1966)] bewahrheitet.

Literatur

[1] Epstein, E.: Biochem. Z. 145, 398 (1924).
Lieb, H.: Z. physiol. Chem. 140, 305 (1924); 170, 60 (1927).
[2] Parke, D. V.: Biochem. J. 56, XV (1954).
Rosenberg, A.: In Aronson, S. M., and B. W. Volle: Cerebral Sphingolipidoses, p. 119, New York: Academic Press 1962.
[3] Jatzkewitz, H.: Z. physiol. Chem. 311, 279 (1958); 318, 265, 320, 134 (1960).

[4] Austin, J. H.: Proc. Soc. exp. Biol. (N. Y.) **100**, 361 (1959).

[5] Klenk, E.: Z. physiol. Chem. **262**, 128 (1939).

[6] Jatzkewitz, H., and K. Sandhoff: Biochim. biophys. Acta (Amst.) **70**, 354 (1963).

[7] —, H. Pilz, and K. Sandhoff: J. Neurochem. **12**, 135 (1965).

[8] Sweeley, C. C., and B. Klionsky: J. biol. Chem. **238**, PC 3148 (1963).

[9] Baumann, Th., E. Klenk und S. Scheidegger: Ergebn. allg. Path. Anat. **30**, 183 (1936).

[10] Klenk, E., u. W. Gielen: Z. physiol. Chem. **236**, 144, 158 (1961); **330**, 218 (1963).

[11] Kuhn, R., u. H. Wiegandt: Chem. Ber. **96**, 866 (1963).
— — Z. Naturforsch. **18 b**, 541 (1963); **19 b** 256 (1964).
Wiegandt, H., u. G. Baschang: Z. Naturforsch. **20 b**, 164 (1965).

[12] Svennerholm, L.: Biochem. biophys. Res. Commun. **9**, 436 (1962).

[13] Pilz, H., K. Sandhoff und H. Jatzkewitz: J. Neurochem. (Im Druck).

[14] Klenk, E., W. Vater, and G. Bartsch: J. Neurochem. **1**, 203 (1957).

[15] Jatzkewitz, H.: Z. physiol. Chem. **336**, 25 (1964).

[16] Brady, R, O., J. N. Kanfer, and D. Shapiro: Biochem. biophys. Res. Commun. 18, 221 (1965).

[17] Korey, S. R., and A. Stein: A gangliosidase system. p. 71. In Folch-Pi, J., and H. Bauer: Brain Lipids and Lipoproteins and the Leucodystrophies. Amsterdam: Elsevier 1963.

[18] Sandhoff, K., H. Pilz und H. Jatzkewitz: Z. physiol. Chem. **338**, 281 (1964).

[19] Aronson, S. M., G. Perle, A. Saifer, and B. W. Volk: Proc. Soc. exp. Biol. (N. Y). **111**, 664 (1962).

[20] Jatzkewitz, H., H. Pilz und H. Holländer: Acta neuropath. (Berl.) **4**, 75 (1964).

[21] Wolman, M.: J. clin. Path. **15**, 324 (1962).
Svennerholm, L.: J. Neurochem. **10**, 613 (1963).

[22] Kristensson, K., S. Rayner und P. Sourander: Acta neuropath. (Berl.) **4**, 421 (1965).

[23] Makita, A., and T. Yamakawa: J. Biochem. (Tokyo) **55**, 365 (1964).

[24] Svennerholm, L.: In Folch-Pi, J., and H. Bauer: Brain Lipids and Lipoproteins and the Leucodystrophies, p. 104. Amsterdam: Elsevier 1963.

[25] Pilz, H., and H. Jatzkewitz: J. Neurochem. **11**, 603 (1964).

[26] Crocker, A. C., and V. B. Mays: Amer. J. clin. Nutr. **9**, 63 (1961).

[27] Jatzkewitz, H.: In Folch-Pi, J., and H. Bauer: Brain Lipids and Lipoproteins and the Leucodystrophies, p. 147, Amsterdam: Elsevier 1963.

[28] Mehl, E., u. H. Jatzkewitz: Z. physiol. Chem. **331**, 292 (1963).

[29] Austin, J., A. Balasubramanian, T. Pattabiraman, S. Sarswathi, D. Basu, and B. Bachhawat: J. Neurochem. **10**, 805 (1963).
—, D. McAffee, D. Armstrong, M. O'Rourke, L. Shearer, and B. Bachhawat: Biochem. J. **93**, 15c (1964).

[30] Mehl, E., u. H. Jatzkewitz: Z. physiol. Chem. **339**, 260 (1964).

[31] — — Biochem. biophys. Res. Commun. **19**, 407 (1965).

[32] Jatzkewitz, H., u. E. Mehl: In Vorbereitung.

[33] Tschudi. D. P., M. G. Perlroth, H. S. Marrer, A. Collins. G. Hunter, Jr. u. M. Rechcigl, Jr., Proc. nat. Acad. Sci. **53**, 841 (1965).

A Functional View of the Plasma Lipoproteins

By D. S. FREDRICKSON and R. I. LEVY

Section on Molecular Diseases, Laboratory of Metabolism, National Heart Institute, Bethesda, Maryland, USA

With 6 Figures

In 1929 MACHEBOEUF isolated in crude form what are now considered alpha lipoproteins[1]. One detects in his report a note of hopefulness that the complexes he obtained from horse serum did not represent merely a random association of lipid and protein but were part of an ordered mechanism of some biological importance. The ensuing years have seen this belief not only supported but enormously expanded by the varied contributions of many experimentalists.

There is a danger of overinterpreting the significance of mixtures of lipid and protein that may be isolated from tissues and extracellular fluids. Even if such apparent complexes can be isolated by several methods on all occasions, it still does not prove that they represent an association that is serving a useful function. By the same reasoning each concentration-maximum detectable in the density spectrum of plasma lipoproteins does not necessarily define a unit moving through plasma on some special metabolic mission.

The bases for assuming that the lipoproteins and particles* in plasma have evolved in a systematic way to supply certain needs of the organism rest mainly on the following: the specificity of the proteins involved, the predictable behavior of the lipoproteins under wide variation in metabolic circumstances, and evidence of disasters attending their deficiency, the latter having now been provided by several genetically determined diseases in man.

Methods for subfractionating the lipoproteins and particles continue to proliferate. This requires frequent stock-taking and cross correlations if the perspective of those particulary interested in the dynamic aspects of fat transport is to remain current.

---

* lipid-protein complexes large enough ($>100\,\mathrm{m}\mu$) to scatter light and impart lactescence to the medium.

This brief review is presented for this purpose and offers some revision of the traditional way of looking at plasma lipoproteins. Recent work, some of it from our own laboratories, can be interwoven with older knowledge to provide a simpler and more functional view of this complex field.

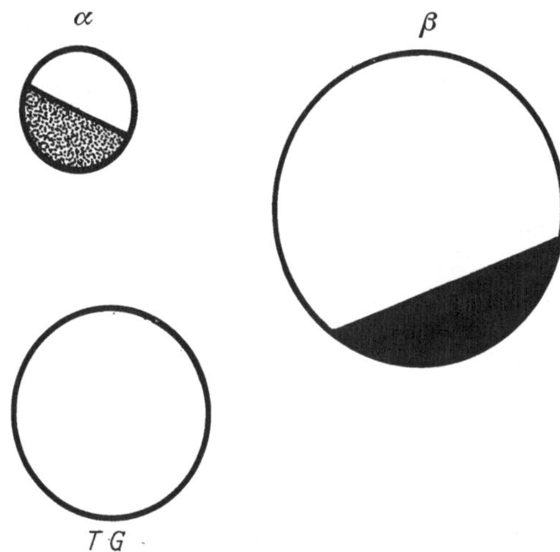

Fig. 1. Symbols used to identify the three best known components of the plasma lipoproteins as they appear in succeeding illustrations: α = the alpha protein, and β = the beta protein; the clear portions of the circles represent a fairly constant complement of lipids which accompany these proteins when they are isolated by a variety of techniques; TG = triglyceride, the net transport of which is quantitatively the most important task of the lipoproteins, and probably the single most important variable affecting the plasma concentrations and other behavior of the alpha and beta lipoproteins.

The essential factors that must be included in a consideration of lipoproteins in strictly functional terms are three. These consist of triglyceride, alpha lipoprotein, and beta lipoprotein; and they are shown in Fig. 1 as they will be depicted symbolically throughout this discussion.

Triglycerides

The major function of plasma lipoproteins in quantitative terms is the transport of fatty acids as glycerides. Every day 100 grams or so of *exogenous* glyceride are ingested and are transported from intestinal mucosal cells as chylomicrons*. The amounts of *endo-*

---

* Chylomicrons are particles of generally large size and high S_f values ($>10^5$), but the term is functionally reserved for particles containing triglyceride that is mainly of alimentary origin[2]. Chylomicrons form two peaks on starch block electrophoresis[3] and remain at the origin on paper electrophoresis using buffer containing albumin[4].

genous glyceride arising mainly in liver (either de novo from carbohydrates or from incoming free fatty acids) that are normally being moved from one tissue site to another remain to be determined experimentally. It may be as little as a few grams an hour [5,6]; but probably it can be more at other times, depending mainly on the factors that adjust hepatic synthesis rates.

One might consider the composition of the lipid-protein complexes in plasma taken after a 12 to 16 hour overnight fast as repre-

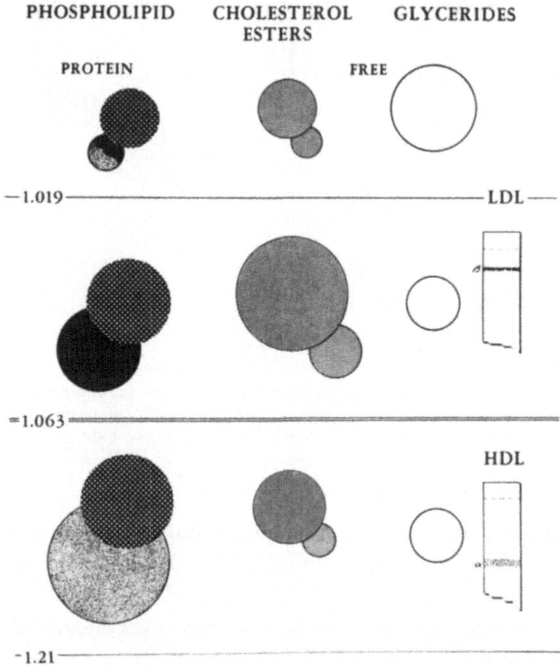

Fig. 2. The major components of plasma lipoproteins shown in circles whose areas reflect the relative concentrations in which they could be present in a young male, as adopted from data obtained from several sources [7,8]. The proteins are symbolized as in Fig. 1. Abbreviations: HDL = high density lipoprotein; LDL = low density lipoproteins

senting the "resting state" of plasma lipoproteins. Their composition at this time is shown schematically in Fig. 2. Here there is no suggestion of the magnitude of the daily movement of triglyceride or of its considerable ebb and flow. The preponderant lipids are phospholipids and cholesterol. Of net *phospholipid* transport in plasma there exists no proof of either the amount or the need, and it is a reasonable surmise that these substances are playing mainly a role as "biological detergents" to solubilize other lipids. There is some net movement of *cholesterol* in plasma, but it is of small proportions compared to glycerides — not more than a few grams per day. Some 1 to 2 grams come from the intestine in the lymph. This joins in the plasma an unknown quantity of sterol moving from unknown tissues to the liver for catabolism to bile acids. Not shown are small quantities of fat soluble vitamins and other substances whose concentrations are subject mainly to the tides of exogenous glyceride. The small amounts of carbohydrates in lipoproteins are still inadequately known and of uncertain function. They, too, have not been included.

In Fig. 2 cholesterol, phospholipid, and glycerides are represented in symbols varying in size corresponding to their relative concentrations[7,8]. They are distributed horizontally in three lipoprotein groups as conventionally subdivided by density. Two of these, the major subdivisions, represent the high density lipoproteins (HDL) of density 1.063 to 1.21 and the low density lipoproteins (LDL) (here strictly defined as between densities 1.063 to 1.019 and S_f 0 to 12 but usually extended to the range of 1.063 to 1.006 and S_f 0 to 20).

From their electrophoretic mobilities these have long been known as the alpha and beta lipoproteins, and it is in this terminology that they will usually be referred to here. They merit some detailed consideration.

Alpha Lipoproteins

It has been known for a long time that the lipoproteins having α_1 mobility on either free, starch or paper electrophoresis corresponded to high density lipoproteins having density > 1.063. These are also strictly comparable to lipoproteins remaining in the supernatant after precipitation of plasma with heparin or similar substances[9].

In fact, agreement among techniques for isolating these "alpha lipoproteins" is so good that it would be reasonable to begin with them to break down some of the semantic barriers encountered in comparing lipoproteins. The tradition demanding operational definitions for lipoproteins has been basically sound, but there are mounting practical demands that it be modified under certain conditions to simplify communication.

The adoption of any "standard" nomenclature for lipoproteins might do well to accommodate the thesis being presented here, namely, that the protein moieties of the lipoproteins provide a more suitable base for classification than properties derived mainly from their lipid portions.

There are a number of instances in which lipoproteins isolated in a density zone are not comparable. For example, the "low density lipoproteins" sometimes seen in abetalipoproteinemia or obstructive liver disease differ completely from normal $D < 1.063$ lipoproteins; they have instead the electrophoretic mobility of alpha lipoproteins. And electrophoretic mobility is the best practical definition of lipoproteins. Because of its greater resolution, immunochemical behavior is the most absolute standard of identification. If there is to be a common language in discussing lipoproteins, we would propose as a start that lipoproteins having the now well characterized immunoelectrophoretic behavior of alpha lipoproteins[10] ought to be called by that name regardless of the details of their isolation.

Studies of the immunochemical properties of alpha lipoprotein have recently led to discovery of an interesting phenomenon: their transformability during storage and ultracentrifugation[10]. Under the ordinary conditions of storage and in the process of preparative ultracentrifugation used to isolate these lipoproteins, some are partially delipidated and perhaps undergo other changes with resultant increase in density. The native "αLP_A" form, as we have termed it, is thus converted to "αLP_B". The HDL_2 and HDL_3 fractions described as major subdivisions of high density lipoproteins by DE LALLA, ELLIOT, and GOFMAN[11] bear a relationship to these two forms of alpha lipoprotein. HDL_2 is identical to αLP_A, but HDL_3 consists of both αLP_A and αLP_B. There is practically no αLP_B detectable in fresh plasma and it may be considered partly as an artefact of isolation that affords insight into the weakness of forces in the lipoprotein structure.

αLP_B also raises questions relative to the functional significance of HDL subfractionation that is possible with the ultracentrifuge. There is yet no proof that HDL_3[11] or other minor HDL fractions that have been reported[12] are only technical offspring of the ultracentrifuge. In some ways it is reasonable to hope so, for, in the context of metabolism and function, any reduction in the complexity of the lipoprotein spectrum is welcome.

The A Protein

The distinguishing feature of alpha lipoprotein is its polypeptide portion, the alpha (or A) apoprotein. The A protein contains amino-terminal aspartic and carboxyl-terminal threonine residues. It has been suggested that the protein represents repeating units of an approximate molecular weight of 37,000[14]. This is the minimal weight for at least 2 moles of isoleucine per mole of protein[14] and the monomeric unit could conceivably be half as large. The available data have been interpreted as compatible with the native αLP_A as containing A protein in a polymer of approximately 150,000 molecular weight. Apparently, delipidation may partially depolymerize the polypeptide and added detergents carry this process further to yield smaller units[14,15].

Beta Lipoproteins

On paper or starch electrophoresis the beta migrating lipoproteins are comparable to "low density lipoproteins" lying between the densities of 1.006 to 1.063. In some abnormal sera, however, lipoproteins having this electrophoretic mobility sometimes float at density 1.006. In our experience lipoproteins of clear cut beta mobility have always contained only the beta (or B) apoprotein (Fig. 2) as defined by immunochemical and, sometimes, amino acid analyses. In practically every instance, then, electrophoretic mobility defines a group of "beta lipoproteins" of predictable composition. In contrast to alpha lipoproteins, however, and as will be seen presently, rigorous immunochemical substantiation of the homogeneity of beta lipoprotein is more difficult. It may require extraction of lipids before antigen-antibody testing.

The B Protein

The B protein contains amino-terminal glutamic acid and an amino acid pattern which differs from that of the A protein, particularly in the relative contents of isoleucine, leucine, glutamic acid, and alanine (Fig. 3)[10].

The molecular weight of "beta lipoproteins" has been estimated by several workers. The smallest estimate is 1.3×10^6 [16]. The protein in this molecule would have an approximate molecular weight of 250,000 to 300,000[16,17]. Delipidation of the low density lipoproteins

                D. S. Fredrickson and R. I. Levy:

in egg yolk (lipovitellin) has been shown to result in stepwise formation of smaller protein components each approximately half the size of its immediate precursor[18]. There have been less complete but analogous studies with the human beta lipoprotein[19,20]; but there is some evidence that the B protein in native beta lipoprotein also

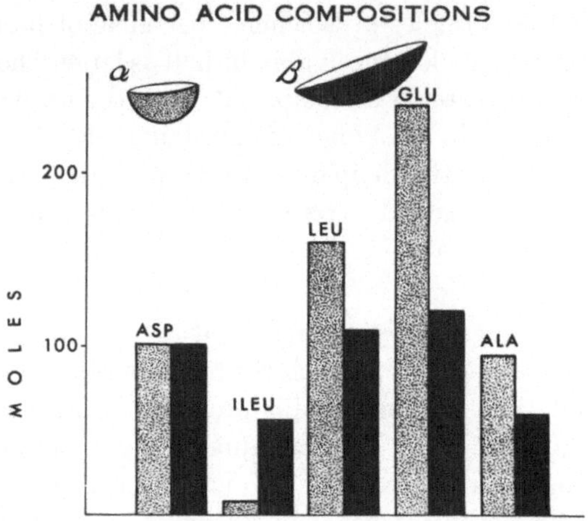

Fig. 3. The molar amounts of isoleucine (ileu), leucine (leu), glutamic acid (glu) and alanine (ala) compared to aspartic (asp) in the proteins of alpha and beta lipoprotein. Data from Levy and Fredrickson [10]

consists of several identical, or at least very similar, peptide chains[15,19,20].

Immunochemistry of Lower Density Lipoproteins

The immunochemistry of the lipoproteins of density < 1.063 has a complex history. This has been recently reviewed by Walton and Darke[21]. We are in only partial agreement with these authors and, as based particularly on recent work in this laboratory[22], believe the antigenic character of these lipoproteins may be summarized as follows:

1. All low density lipoproteins (D 1.063 to 1.006) having discrete beta mobility on paper electrophoresis[1] contain a single major antigen (the B protein);

2. lipoproteins of density < 1.006 (pre-beta lipoproteins[4]) usually or always contain both A and B proteins; the A protein is usually

not detected in the native lipoproteins, and partial delipidation is required for it to react with specific antibodies; and

3. further heterogeneity of low density lipoproteins may exist. At least three kinds have been reported: a) minor antigenic differences between human subjects that are genetically determined in some manner[23,24], b) the presence of other proteins, such as enzymes[25], that are quite probably absorbed by the lipid-rich lipoproteins and particles, and c) at least one other peptide that, like the A and B proteins, may have evolved primarily to facilitate fat transport[25].

A Possible "C" Peptide

For many years there has been evidence for lipoprotein polypeptides other than the A and B proteins[27]. This has consisted mainly of the presence of amino-terminal serine and threonine in proteins obtained from delipidation of lipoprotein isolates. Relatively more of these acids have been present in proteins from very low density lipoproteins. Recently GUSTAFSON, ALAUPOVIC, and FURMAN[23] have reported isolation of a "C protein" from lipoproteins of density < 1.006. According to preliminary information this protein is said to differ from the A and B proteins in antigenicity, sedimentation, amino acid composition, and its amino-terminal group[26].

These latter findings are quite provocative, but they must overcome several obstacles before a C protein can be proved to have the more or less specific functional roles envisioned for the A and B proteins. For instance, the presence of the A and B proteins in very low density lipoproteins (D < 1.006) (see below) seems to account adequately for the properties of these pre-beta lipoproteins, leaving no obvious phenomena that require a third protein for explanation. In our hands[28] the plasma of patients lacking all traces of B protein (abetalipoproteinemia) contains only A protein (alpha lipoprotein). Thus, any C protein is absent along with the B protein in abetalipoproteinemia. The A protein now has its own specific deficiency state, the genetically determined Tangier disease[29]. In all fairness to "C protein", it must be stated that, in lipoproteins, it is difficult for any protein to assert its essentiality or specificity unless it can absent itself from the organism through the convenient intervention of a mutation.

There are additional problems. The pre-beta lipoproteins and particles are extremely difficult to work with, for they may become "contaminated" with many adsorbed enzymes and other proteins. An added difficulty in interpreting the finding of amino-terminal serine and threonine is the frequent appearance of these acids by what apparently is "spurious" contamination in dinitrophenylation of many proteins. Since these amino acids have been demonstrated to link carbohydrates and protein, the treatment of the lipoproteins may expose these moieties when they are not actually terminal acids[30].

Lipoprotein or Apoprotein ?

We must comment here on one other deficiency in our current knowledge. It is not known whether the A and B proteins (or, for that matter, possible C and D proteins, etc.) circulate in plasma without a full complement of lipid attached at their usual binding sites. Eder, Roheim, and Switzer have postulated from liver perfusion studies that one or more apoproteins exist in plasma capable of combining with lipid to form lipoproteins[31]. From their density of > 1.21 one must assume these apoproteins would contain relatively less lipid than protein. On the other hand, when delipidated A or B proteins are labeled and reintroduced into the plasma they seem immediately to combine with lipid or at least to complex with lipoproteins[32]. The A and B peptides have a strong avidity for lipid — and, judging by the constancy of the composition of the alpha and beta lipoproteins, this avidity is preferentially filled by a well ordered content of cholesterol and phospholipid. Such evidence makes it difficult to imagine how any significant amounts of these proteins can circulate in plasma unbound to lipid. However, as we proceed to examine the interrelationships of alpha and beta lipoproteins and triglyceride, it should be kept in mind that in some instances we will refer to the lipoproteins as being there when only the presence of the protein moiety has been positively established.

Two other groups of lipoproteins have already been mentioned in passing. Along with the alpha and beta lipoproteins they represent the minimum number of groups of plasma lipoproteins that are recognized today as having some independent metabolic functions. These are *pre-beta lipoproteins* and *chylomicrons* as they are defined by the very useful paper electrophoretic modification of Lees and Hatch[4].

Pre-beta lipoproteins

These lipoproteins are the same as the α_2 lipoproteins isolated on starch[33] and correspond to lipoproteins of $S_f > 20$, including some particles. These "very low density lipoproteins" are rich in glyceride. The composition of the $D < 1.019$ lipoproteins that is represented in Fig. 2 for a fasting young male probably represents a minimum ratio of triglyceride to protein for pre-beta lipoproteins. Most importantly it has been demonstrated that the triglyceride present is of endogenous origin.

It has heretofore been generally accepted that pre-beta lipoproteins consist of beta apoprotein plus triglycerides. This view is

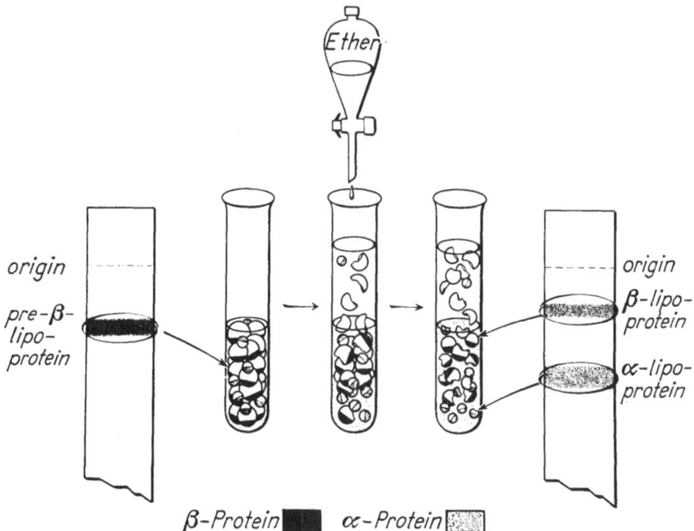

Fig. 4. The decomposition of pre-beta lipoproteins to alpha and beta lipoproteins by ether extraction [22]. Symbols as in Fig. 1

based mainly on the finding of immunochemical identity between the *native* beta and pre-beta lipoproteins as isolated in a variety of systems. It has recently been demonstrated[22], however, that this concept is in error. As mentioned above, if pre-beta lipoproteins are mildly axtracted with ether or ethanol-ether, they become antigenically heterogeneous. Both alpha and beta lipoproteins are present (Fig. 4). Similarly, in the presence of lipolytic activity in plasma, pre-beta lipoproteins decrease markedly and appear to be decomposed into the alpha and beta lipoproteins *in vivo* (Fig. 5).

134   D. S. Fredrickson and R. I. Levy:

Furthermore, the induction of pre-beta lipoprotein is always associated with a fall in the apparent concentration of alpha lipoprotein
in plasma, and these reciprocal changes are reversed when pre-beta
lipoprotein is diminished by dietary manipulations[22].

Thus, there seems no question that pre-beta lipoprotein struc-
turally represents a combination of alpha and beta lipoproteins
and triglyceride. A key question is the functional essentiality of
these two lipoprotein components in the transport of endogenous
glyceride. This has been tested in the deficiency states involving
one or the other lipoproteins.

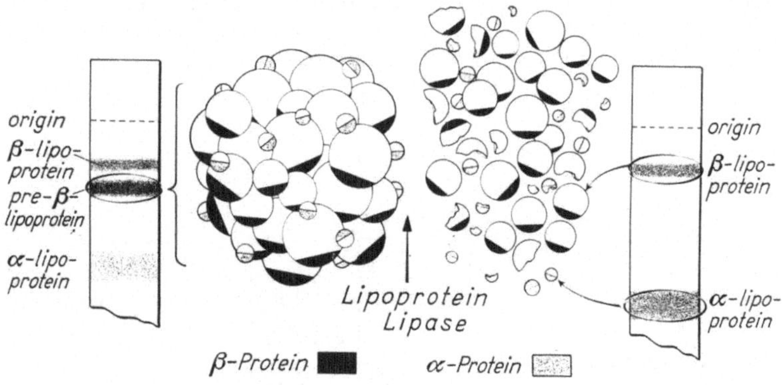

Fig. 5. Schematic representation of dissociation of pre-beta lipoproteins by heparin-induced
lipolysis in plasma [22]. Symbols as in Fig. 1

The results are striking. In Tangier disease, in which there is
only a scant supply of alpha lipoprotein, the plasma triglyceride
concentrations are almost always moderately elevated. Under
conditions inducing pre-beta lipoproteins in normal subjects the
glycerides in Tangier disease rise even higher, in excess of the
average normal response. There are, however, no pre-beta lipoproteins formed and the excess glyceride is carried in most unusual
low density lipoproteins that have beta mobility[22].

By contrast, in abetalipoproteinemia the plasma glycerides have
been known for some time to be always abnormally low. Under
dietary conditions promoting "carbohydrate induction" of endogenous glycerides in both normal subjects and those deficient in
alpha lipoprotein, there is induced no rise in the characteristically
low concentration of glycerides in abetalipoproteinemia and no
pre-beta lipoproteins appear. Alpha lipoproteins remain as the

only lipoprotein band identifiable in their plasma[22,28]. It should be noted that in abetalipoproteinemia there is evidence that the liver synthesizes glyceride even though it may have difficulty expelling it[35].

These present experiments point toward a critical role of beta lipoprotein (or B protein) in mobilizing endogenous glyceride from the liver. They suggest some facultative role for alpha lipoprotein (or A protein) in assisting the departure of this glyceride from plasma. The essentiality of alpha lipoprotein in this latter role is certainly not proved. It is conceivable that it is secondarily swept up by endogenous glyceride, but there seems to be little doubt that some defect in glyceride transport accompanies severe deficiency of alpha lipoprotein as expressed in Tangier disease.

The finding of alpha lipoprotein in pre-beta lipoproteins explains many past perplexities. It seems to account for the electrophoretic mobility of pre-beta lipoproteins. It almost certainly accounts for the presence of discrete concentration maxima between S_f 0 to 20 and S_f 20 to 400, rather than a smooth gradation which might be expected if the low density spectrum consisted only of beta lipoprotein and increasing amounts of glyceride. In the same density ranges there are also rather sudden shifts in the lipid composition (i.e., relative amounts of phospholipid and cholesterol) of the lipoproteins that are best explained by combination of both alpha and beta lipoproteins with triglyceride. And, finally, the demonstration of systematic withdrawal of alpha lipoprotein into pre-beta lipoproteins makes it easy to understand the "deficiencies" of alpha lipoprotein that have long been observed in some hyperglyceridemic states.

Chylomicrons

Unfortunately, the story just unfolded for pre-beta lipoprotein cannot yet be extended to the transport of exogenous fat in chylomicrons. It is logical to consider that exogenous and endogenous glyceride transport are similarly managed in plasma, but clean experimental proof has yet to be obtained. The chylomicron protein has been the subject of many studies[27,36,37,38]. The difficulties lie in the discovery of too many proteins to be plausible. It is hard, if not impossible, to "wash" chylomicrons free of adsorbed proteins that may have no functional significance.

Alpha lipoprotein has been found "in" chylomicron preparations perhaps more often than any other protein. When patients with Tangier disease are fed fat, they form chylomicrons that have a much lower complement of cholesterol esters than normal chylomicrons[38]. The Tangier patients clear their chylomicrons from plasma without unseemly delay. It is still unknown why these patients accumulate tremendous quantities of cholesterol esters. It has been suggested that their chylomicrons are "unstable" due to lack of alpha lipoprotein and that this results, in some manner, in the tissue deposition of sterol esters that have come in from the gut with the chylomicron glycerides[3]. This remains perhaps the most plausible theory for the dramatic manifestations in this disease. There is, then, a strong possibility that alpha lipoprotein exerts some type of stabilizing influence on the particles of glyceride of both exogenous *and* endogenous origin.

Beta lipoprotein has also been identified in some chylomicron preparations but not consistently. As has been repeatedly demonstrated the most dramatic finding in abetalipoproteinemia is the complete inability to make chylomicrons[35]. Evidence has also been accrued suggesting that when protein synthesis is decreased, fat cannot leave the intestinal cell[40]. The essential roles of B protein have not yet been conclusively demonstrated, but the failure of either exogenous or endogenous glyceride to appear in plasma in its absence offers a tantalizing hypothesis that this protein (or beta lipoprotein) has evolved primarily to facilitate glyceride transport out of cells.

Recapitulation

All of the possible reasons why nature has endowed man with both the A and B proteins or the basic alpha and beta lipoprotein forms in which they may always appear in plasma, have not been explained. Considerable evidence has been accrued, however, to support an equation:

$$\text{alpha lipoprotein} + \text{beta lipoprotein} + \text{triglyceride}$$
$$= \text{pre-beta lipoprotein}$$

which serves to reduce some of the mass of available information about the plasma lipoproteins into a simple expression for one of their important functional interrelationships.

A more comprehensive way of visualizing these relationships is shown in Fig. 6. Here the conventional manner of depicting most of the density spectrum of the lipoproteins is combined with the latest immunochemical information[10, 21, 22, 28]) and electrophoretic mobilities on paper[4,31].

It is of interest to compare the scheme presented here in Fig. 5 with one advanced almost 10 years ago by LINDGREN, FREEMAN,

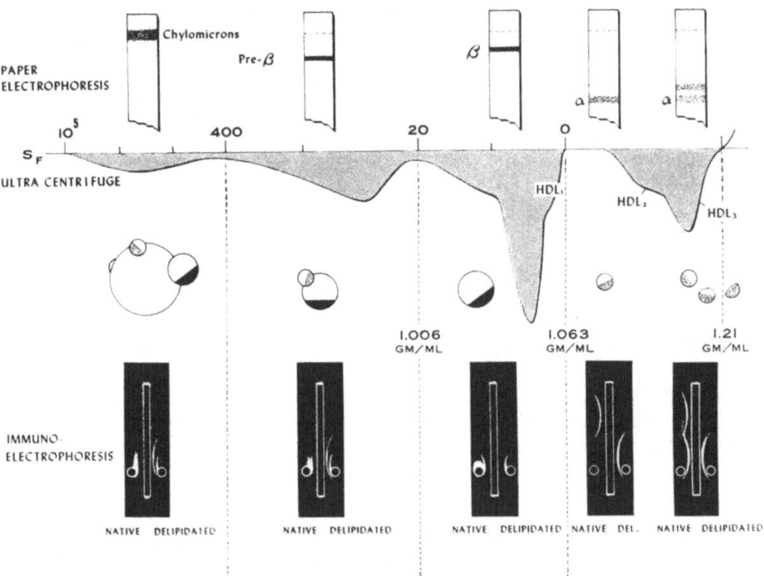

Fig. 6. A schematic view of the plasma lipoproteins summarizing the descriptions of four major groups discussed in the text. The immunochemical behavior on agar is represented here. The use of agarose which permits beta lipoprotein to move out from the well improves the distinction between its delipidated protein and αLP$_B$ (the partially delipidated form of alpha lipoprotein)

NICHOLS, and GOFMAN[11]. They suggested then that chylomicrons and low density lipoproteins down to S_f 20 might be "cores" of lipid surrounded by HDL$_2$ and HDL$_3$ lipoproteins, and that the S_f 0 to 20 low density lipoproteins consisted of HDL$_1$ lipoproteins surrounding a core of residual triglyceride and "contaminant" phospholipid and cholesterol carried in with chylomicrons. One of us observed shortly thereafter in a review[27] that at the time such a unifying hypothesis could neither be proved nor disproved (and took the authors to task for basing such a theory entirely on arithmetical calculations without attempts to reconcile it with available information, much of which was in conflict). It is incumbent upon us to point out how the concepts developed in this present paper, based largely on experimental data of quite recent origin, are in agreeable compatibility with some aspects of this much older idea.

References

[1] Macheboeuf, M. M. A.: Bull. Soc. Chim. biol. (Paris) **11**, 268 (1929).

[2] Dole, V. P., and J. T. Hamlin, III.: Physiol. Rev. **42**, 674 (1962).

[3] Bierman, E. L., E. Gordis, and J. T. Hamlin, III.: J. clin. Invest. **41**, 2254 (1962).

[4] Lees, R. S., and F. T. Hatch: J. Lab. clin. Med. **61**, 518 (1963).

[5] Carlson, L. A., and L.-G. Ekelund: J. clin. Invest. **42**, 714, (1963).

[6] Farquhar, J. W., R. C. Gross, R. M. Wagner, and G. M. Reaven: J. Lipid Res. **6**, 119 (1965).

[7] Bragdon, J. H., R. J. Havel, and E. Boyle: J. Lab. clin. Med. **48**, 36 (1956).

[8] Havel, R. J., H. A. Eder, and J. H. Bragdon: J. clin. Invest. **34**, 1345 (1955).

[9] Cornwell, D. G., and F. A. Kruger: J. Lipid Res. **2**, 110 (1961).

[10] Levy, R. I., and D. S. Fredrickson: J. clin. Invest. **44**, 426 (1965).

[11] delalla, O., H. A. Elliot, and J. W. Gofman: Amer. J. Physiol. **179**, 333 (1954).

[12] Barclay, M., R. K. Barclay, O. Terebus-Kekish, E. B. Shah, and V. P. Skipski: Clin. chim. Acta **8**, 721 (1963).

[13] Lindgren, F. T.: Clin. chim. Acta **9**, 402 (1964).

[14] Shore, V., and B. Shore: Biochem. biophys. Res. Commun. **9**, 455 (1962).

[15] Shore, B.: Arch. Biochem. **71**, 1 (1957).

[16] Oncley, J. L., R. N. Gurd, and M. Melin: J. Amer. chem. Soc. **72**, 458 (1950).

[17] —, G. Scatchard, and A. Brown: J. Phys. and Colloid Chem. **51**, 184 (1947).

[18] Martin, W. G., J. Augustyniak, and W. H. Cook: Biochim. biophys. Acta (Amst.) **86**, 721 (1964).

[19] Granda, J. L., and A. Scanu: Fed. Proc. **24**, 224 (1965).

[20] Bernfeld, P., and T. F. Kelley: J. biol. Chem. **239**, 3341 (1964).

[21] Walton, K. W., and S. J. Darke: Immunochemistry **1**, 267 (1964).

[22] Levy, R. I., R. S. Lees, and D. S. Fredrickson: J. clin. Invest. **45**, 63 (1966).

[23] Blumberg, B. S., D. Bernanke, and A. C. Allison: J. clin. Invest. **41**, 1936 (1962).

[24] Berg, K.: Acta path. microbiol. scand. **59**, Fasc. 3 (1963).

[25] Lawrence, S. H., and P. J. Melnick: Proc. Soc. exp. Biol. (N. Y.) **107**, 998 (1961).

[26] Gustafson, A., P. Alaupovic, and R. H. Furman: Biochem. biophys. Acta (Amst.) **84**, 767 (1964).

[27] FREDRICKSON, D. S., and R. S. GORDON, Jr.: Physiol. Rev. **38**, 585 (1958).

[28] LEVY, R. I., D. S. FREDRICKSON, and L. LASTER: J. clin. Invest. **45**, 531 (1966).

[29] FREDRICKSON, D. S.: J. clin. Invest. **43**, 228 (1964).

[30] ANDERSON, B., J. G. RILEY, P. HOFFMAN, and K. MEYER: VI International Congress of Biochemistry, 1965.

[31] EDER, H. A., P. S. ROHEIM, and S. SWITZER: Trans. Ass. Amer. Phycns. **77**, 259 (1964).

[32] SCANU, A., and W. L. HUGHES: J. biol. Chem. **235**, 2876 (1960).

[33] KUNKEL, H. G., and R. J. SLATER: J. clin. Invest. **31**, 677 (1952).

[34] LEES, R. S., and D. S. FREDRICKSON: J. clin. Invest. **44**, 1968 (1965).

[35] ISSELBACHER, K. J., R. SCHEIN, G. R. PLOTKIN, and J. B. CAULFIELD: Medicine (Baltimore) **43**, 347 (1964).

[36] RODBELL, M., and D. S. FREDRICKSON: J. biol. Chem. **234**, 562 (1959).

[37] SCANU, A., and I. H. PAGE: J. exp. Med. **109**, 239 (1959).

[38] FREDERICKSON, D. S., and R. S. LEEDS: In *Metabolic Basis of Inherited Disease*, Second Ed., p. 429. STANBURY, J. B., J. B. WYNGAARDEN, and D. S. FREDRICKSON, Editors. McGraw-Hill, New York 1966.

[39] FREDRICKSON, D. S., P. H. ALTROCCHI, L. V. AVIOLI, D. S. GOODMAN, and H. C. GOODMAN: Ann. intern. Med. **55**, 1016 (1961).

[40] SABESIN, S. M., G. D. DRUMMEY, D. M. BUDZ, and K. J. ISSELBACHER: J. clin. Invest. **43**, 1281 (1964).

[41] LINDGREN, F. T., N. K. FREEMAN, A. V. NICHOLS, and J. W. GOFMAN: In *Blood Lipids and the Clearing Factor*, Third International Conference on Biochemical Problems of Lipids, p. 224. Koninkl. Vlaam. Acad. Wetenschappen, Letteren en Schone Kunsten van België, Klaase der Wertenschappen. Brussels 1956.

Isolation and Quantification of Neutral and Acidic Steroids in Feces

By E. H. AHRENS, jr.

The Rockefeller University, New York, USA

Introduction

In the steady state the daily fecal excretion of neutral plus acidic steroids of endogenous origin should approximately equal the daily synthesis of cholesterol in any species in which the intestine is the major route of excretion, as it is in man. This statement is based on our present understanding of *a*) the conversion of cholesterol to bile acids in the liver and the degradation of neutral and acidic sterols to a multitude of steroidal secondary products within the intestinal lumen (reviewed recently by DANIELSSON[1]); *b*) the resistance of the ring structure of cholesterol to degradation within the body or by intestinal microorganisms[2]; and *c*) the finding in the present study that the ring structure and side chain of the two primary bile acids (in man) also remain intact during passage through the intestine or circulation within the enterohepatic system.

Accordingly a method was developed for quantitative isolation and determination of the neutral and acidic steroids* from feces, in order to answer certain questions concerning the mechanism whereby plasma cholesterol concentrations are altered by exchanging saturated and unsaturated fats in the diet[3]. The success of such a method depended upon obtaining the steroids quantitatively, and free from the numerous contaminants in feces which have similar physical properties. This goal was first approached[4] by a combination of column and thin-layer chromatography, and the final products were weighed (neutral steroids) or titrated (acidic steroids). Applications of this procedure in sterol balance studies in man have been reported elsewhere[5].

---

* The term *steroids* is used in preference to *sterols* because of the significant amounts of ketonic metabolites of cholesterol which are invariably present in neutral and acidic fractions of feces.

Two recent reports[6,7] by my colleagues (GRUNDY and MIETTINEN) and myself have described refinements of this general method which afford more complete recoveries and separations, together with greater accuracy, reliability, and simplicity in performance. One paper validates a procedure for determination of the acidic steroids, the second of the natural steroids. In both procedures the final purification and quantification depends upon the use of GLC; neither requires the administration of radioisotopes to patients. The advantages of the newer procedures over our previous method and over others reported in the literature are *a*) complete recovery of neutral and acidic steroids, without cross-contamination, and free of non-steroidal materials, *b*) authentic measurement of the acidic and neutral steroids by a gas-liquid chromatographic method which "sees" the cyclopentanophenanthrene ring that is common to both groups, *c*) sufficient sensitivity to allow the measurement of daily sterol output in individual small laboratory animals, *d*) sufficient ease of performance to permit 12 to 18 determinations of both acidic and neutral steroids per week by two technicians, and *e*) the reservation of radioisotope use for purposes other than measurement of steroid excretion, since the quantitative methods described are purely chemical.

Quantitative Isolation of Fecal Bile Acids

General Description. Fecal bile acids were obtained quantitatively after extraction of neutral steroids and saponification of taurine and glycine conjugates; free bile acids were extracted with chloroform-methanol. In most stool samples an aliquot of this extract could be subjected directly to preparative TLC after methylation of bile acids. However, if samples were particularly rich in fatty acids or acidic pigments, it was necessary to remove these contaminating acids by column chromatography before the TLC step. After preparative TLC, the bile acid methyl esters were recovered and 5-α-cholestane was added as internal standard. The bile acid methyl esters were converted to trimethylsilyl (TMS) ethers which were quantified by GLC. Small losses of bile acids through this multi-step process were corrected by incorporation of a known amount of high specific-activity internal standard, deoxycholic acid-24-C^{14}, in the original aliquot of fecal homogenate.

This procedure was shown to give excellent quantification of total acidic fecal steroids, even though the mixtures obtained by trimethylsilylation and applied to GLC columns contained small amounts of methyl esters of acids which were not bile acids. The method was applied to fecal samples as small as 100 mg, containing as little as 0.05 mg of total bile acids. This sensitivity permitted the daily bile acid excretion by small laboratory animals to be determined.

Quantitative Isolation of Fecal Neutral Steroids

General Description. Fecal neutral steroids were obtained quantitatively, after saponification of the fecal homogenate under mild conditions, by extraction with petrol ether out of the alkaline medium (ethanol concentration greater than 50%). The mixed neutral steroids were then separated into three groups by TLC on Florisil: III, the Δ^5 and ring-saturated 5-α sterols; II, the corresponding ring-saturated 5-β sterols; and I, the corresponding 3-keto derivatives. Quantitative analysis of the various components of these three groups was then carried out by GLC of the TMS ethers of the sterols and of the unsubstituted ketonic steroids. Non-specific losses of neutral steroids were corrected by incorporation of a known amount of high specific-activity internal standard, cholesterol-4-C^{14} or -7-α-H^3, in the original aliquot of fecal homogenate. GLC quantitation of the TMS sterols and ketonic steroids was effected through the addition of a known amount of 5-α cholestane as GLC internal standard.

Quantitative Analysis of Fecal Steroids by GLC

GLC of the TMS ethers of neutral sterols, first introduced by Luukhainen, Vanden Heuvel, Haahti, and Horning[8] for GLC of steroid hormones and for sterols by Wells and Makita[9], has proven in our hands to be even more satisfactory than these workers may have realized. After an extensive study of the formation of TMS derivatives with neutral sterols and bile acids and of the detection of a wide variety of TMS ethers of steroids by a hydrogen flame ionization detector, we have strong evidence for four conclusions: *a*) the formation of derivates with all hydroxyl groups at positions 3, 6, 7, and 12 was rapid and quantitative; *b*) 3-keto-steroids were prevented from forming undesirable secondary in the presence of silylating reagents by careful control of reaction conditions; *c*) no losses of TMS sterols, TMS bile acid methyl esters, ketonic steroids and of 5-α-cholestane during GLC could be detected, under various conditions of temperature and gas flow and with all stationary phases studied; and *d*) with the hydrogen flame detector the ionization responses of TMS derivates of various cholane, cholestane, and coprostane compounds — with 0, 1, 2, or 3 TMS groups — were directly proportional to the absolute weights of the parent unsubstituted steroids (and *not* of the derivates themselves). Thus, all acidic and neutral sterols and ketonic steroids, as well as 5-α-cholestane, produced essentially the same ionization response per unit mass of parent unsubstituted steroid.

Besides greatly simplifying the calculation of GLC results, these findings made it possible to quantify complex mixtures of neutral and acidic steroids as groups, by relating their total area to that of an appropriate internal standard. It was unnecessary to apply a separate correction factor for each component in the mixture, as would be required when other detection systems are used.

Discussion

The importance of these methods should become apparent as they are applied in various poorly defined aspects of sterol metabolism. Total daily synthesis rates of cholesterol and the effects of drugs and dietary changes on synthesis can be assessed. By concurrent use of isotope techniques it is feasible to study steroid absorption, feedback control mechanisms, pool sizes, and turnovers in intact organisms. The relative importance of non-intestinal excretion pathways, such as skin and urine, can be evaluated, as well as the effects of intestinal microorganisms on neutral and acidic steroids. Only when dependable balance data are obtainable can the fate of dietary cholesterol be fully described, and the possibility of redistribution of plasma cholesterol into other tissues adequately explored.

Three applications of these methods to studies of sterol balance in man were described. 1. When C[14]-labeled bile acids (cholic and chenodeoxycholic acids) were administered to one patient by mouth, they and their conversion products were measured in the feces and urine for the next 40 days. 98% of administered radioactivity was recovered in the feces in the acidic steroid fraction, and 2% in the urine. 2. When serum cholesterol concentrations were caused to rise or fall, according to the saturation of the dietary fat, there was no significant change in excretion of fecal steroids which could account for the serum cholesterol changes (8 patients). 3. A detailed study was made of feedback control of cholesterol synthesis in a 55-year-old hypercholesteremic female, fed 2.8 gm of egg yolk cholesterol per day. The patient's sterols and their conversion products were labeled in two ways: by daily oral administration of C^{14}-cholesterol and by a single intravenous dose of H^3-cholesterol. By use of the sterol balance technique and by measurement of H^3- and C^{14}-specific activities of fecal and plasma neutral steroids, it could be shown that the patient absorbed only 300 of the 2 800 mg of cholesterol fed; that 24% of her plasma cholesterol pool was derived from dietary cholesterol, 76% from endogenous synthesis; and that, despite a large intake of cholesterol, she continued to synthesize 600 to 700 mg of cholesterol per day. Thus, there was little significant inhibition of cholesterol synthesis by dietary cholesterol, contrary to convincing evidence of this control mechanism in rats and dogs. These findings confirm those of Taylor and co-workers[10] and Wilson[11] and suggest that in man there may be important extrahepatic sites of plasma cholesterol synthesis and / or that feedback control of cholesterol synthesis by dietary cholesterol is not usually operative.

Summary

A method for isolation and quantification of fecal bile acids and fecal neutral steroids has been described which allows sterol balance studies to be made in man or in small laboratory animals without requiring the use of radioisotopes in vivo.

Bile acids are purified by column and thin-layer chromatography, converted to the trimethylsilyl ethers of their methyl esters, and quantified by GLC with detection by hydrogen flame ionization. Recoveries are complete when internal standard corrections are applied, with an error $< \pm 3\%$.

In the analysis of neutral steroids the critical separations of cholesterol, plant sterols and their conversion products depend upon preliminary separations into three subfractions by thin-layer chromatography. Individual components in the three subfractions thus obtained are then quantitatively measured by gas-liquid chromatography of the unsubstituted 3-ketosteroids and of the trimethylsilyl ethers of the sterols.

The claim that the final fecal bile acid and fecal neutral steroid fractions account for all these products and nothing but these steroids has been validated in several ways. The sensitivity is such that fecal aliquots containing as little as 50 μg of mixed bile acids or 25 μg of mixed neutral steroids can be analyzed accurately, but the procedure lends itself well to preparative scale work for more definitive study of individual bile acids.

Applications of these new methods were described in studies of sterol metabolism in man. It was concluded that excretion changes do not usually account for the shifts in plasma cholesterol concentration caused by exchanging unsaturated for saturated dietary fats; that cholesterol synthesis continues at usual rates despite high intakes of cholesterol; and that the negative feedback control of cholesterol synthesis so convincingly shown in rats and dogs probably does not operate similarly in man.

References

[1] DANIELSSON, H.: In Advances in Lipid Research, Vol. 1, p. 335. Edited by PAOLETTI, R., and D. KRITCHEVSKY. New. York: Academic Press 1963.

[2] HELLMAN, L., and R. S. ROSENFELD: In Hormones and Atherosclerosis, p. 157. (Proceedings of the Conference Held in Brighton, Utah, March 11—14, 1958), edited by G. Pincus. New York: Academic Press 1959.

[3] AHRENS, E. H., jr., J. HIRSCH, W. INSULL, jr., T. T. TSALTAS, R. BLOMSTRAND, and M. L. PETERSON. Lancet 1957, I, 943.

[4] SPRITZ, N., and E. H. AHRENS, jr.: Biochemical Problems of Lipids (BBA Library) 1, 66 (1963).

[5] SPRITZ, N., E. H. AHRENS, jr., and S. GRUNDY: J. clin. Invest. 44, 1482, (1965).

[6] GRUNDY, S. M., E. H. AHRENS, jr., and T. A. MIETTINEN: J. Lipid Res. 6, 1965 (July).

[7] MIETTINEN, T. A., E. H. AHRENS, jr., and S. M. GRUNDY: J. Lipid Res. 6, 1965 (July).

[8] LUUKKAINEN, T., W. J.A. VANDEN HEUVEL, E. O. A. HAAHTI, and E. C. HORNING: Biochem. biophys. Acta (Amst.) 52, 599 (1961).

[9] WELLS, W. W., and M. MAKITA: Anal. Biochem. 4, 204 (1962).

[10] KAPLAN, J. A., G. A. COX, and C. B. TAYLOR: Arch. Path. 76, 359 (1963).

[11] WILSON, J. D., and C. H. LINDSEY Jr.: J. clin. Invest. 44, 1805, (1965).

Discussion of Dr. Ahrens' Paper

By L. W. KINSELL

Institute for Metabolic Research, Highland General Hospital, Oakland, California, USA

With 7 Figures

I wish to compliment Dr. AHRENS on a most meticulously designed and executed study. In the discussion of his paper, I would like to present some studies carried out in our laboratory by Dr. PETER WOOD, using a somewhat different methodology to

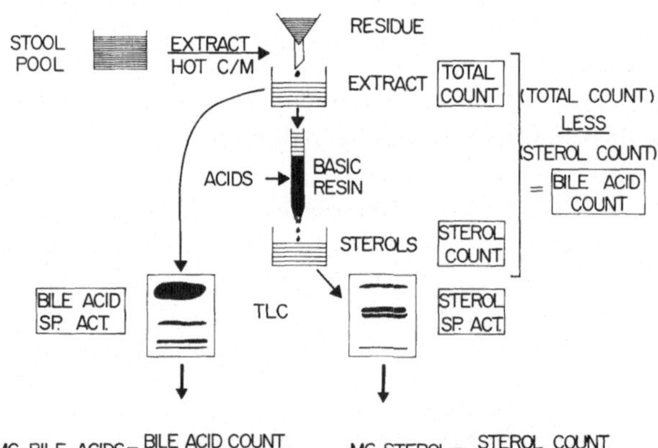

Fig. 1. Determination of fecal sterols and bile acids (simplified)

evaluate excretion of cholesterol and bile acids under conditions of intake of essentially sterol-free polyunsaturated and saturated fats, respectively.

All patients were maintained for prolonged periods of time on quantitatively constant formula intakes in which the dietary fat represented 45% of total calories. Changes in plasma total cholesterol levels with exchange of dietary fat were as anticipated.

After the patient was stabilized on one or the other type of diet, a tracer dose of $2\text{-}C^{14}$-mevalonic acid was administered intravenously and a sufficient number of days allowed to permit equilibration of the labeled cholesterol pool. Quantitative stool collections were then instituted over periods of many days. Unfortunately, as Dr. AHRENS has indicated and as I think all of us know, a one-day collection of stool cannot be considered as a dependable quantitative unit because of the practical factors involved. Consequently one must use aliquots of collections carried out over fairly long periods.

In the first Figure is shown a resumé of the methodology. The stool aliquot is extracted with hot chloroform-methanol and the total lipid extract is passed through a basic resin column, which

Sample	C-^{14}Lost after Saponification		
	% total	% sterols	% bile acids
1	26	10	44
2	28	15	45
3	16	3	38
4	16	4	36
5	26	4	46
6	19	0	39
7	18	4	34
8	21	11	30

Fig. 2. Percentage losses of total C^{14}, sterol C^{14} and bile acid C^{14} following pressure saponification (1 N. potassium hydroxide in aqueous ethanol for 1 h. at 18 lb. pressure) of stool lipids from a subject given 2-C^{14}-mevalonate I. V. Recovery from the acidified saponification product was by exhaustive extraction with diethyl ether

removes all acidic material. Total radioactivity in the sterol and bile acid fractions, respectively, is counted and specific activities of fecal cholesterol and coprostanol (in the case of the sterols) and of lithocholic and deoxycholic acids, are determined after isolation by thin-layer chromatography. In all instances the specific activities of the sterols and bile acids were found to bear a very reasonable resemblance to the specific activity of the plasma free cholesterol. Total bile acid and sterol excretion, respectively, were then determined by dividing the total bile acid count by the mean bile acid specific activity, and the total sterol count by the mean sterol specific activity. The methods used did not make use of a pressure saponification step. The reasons for this are shown in the second Figure which emphasizes a fact which has been reported in the literature by a number of workers, that very significant losses of bile acids, and to a lesser extent of sterols, can occur under these conditions. Conceivably this may account for the fact that the

148   L. W. Kinsell:

actual amounts of stool sterols and bile acids obtained by Dr. Wood
are considerably higher than those found by Dr. Ahrens and also
by some other workers.

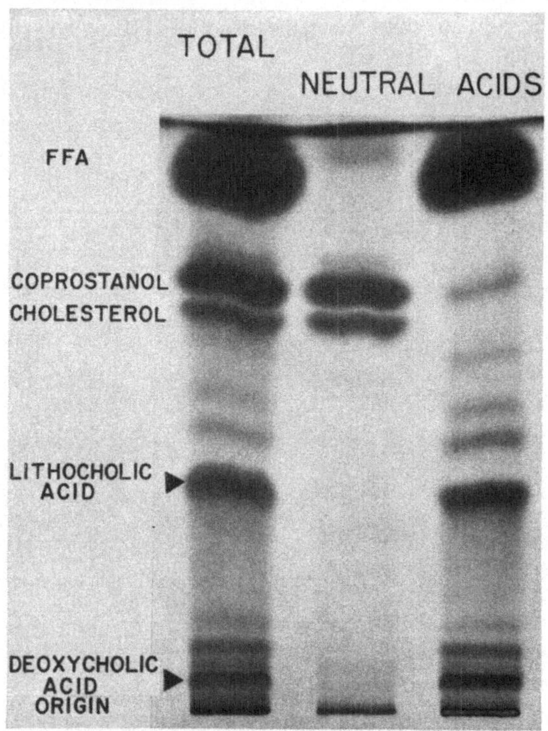

Fig. 3. Thin-layer chromatogram of typical stool extracts. Left: total lipids soluble in chloroform-methanol (2:1 v/v). Middle: neutral lipids eluted from basic resin column. Right:
acids recovered (not quantitatively) from resin column. Adsorbent: Silica Gel G (Merck);
solvent: diethyl ether — petroleum ether (b. p. 30—60°) — acetic acid 50:50:3 (v/v); visu-
alization: sulfuric acid (50% v/v) spray followed by heating at 250°

In the third Figure are shown the types of patterns one obtains
when the total lipids, the neutral lipids, and the acidic lipids,
respectively, are placed on the thin-layer plates. Clear definition
of the major stool sterols and bile acids is seen, which facilitates
their isolation in a pure state for determination of specific activity.

In the fourth Figure are shown results of two of the six studies
which have been carried out to date. The first patient initially
received trilinolein and then sterol-free coconut oil. There is

appreciable reduction in excretion of sterols and bile acids during the latter period. The second patient received the dietary fats in the reverse order and had an obvious increase in both sterols and

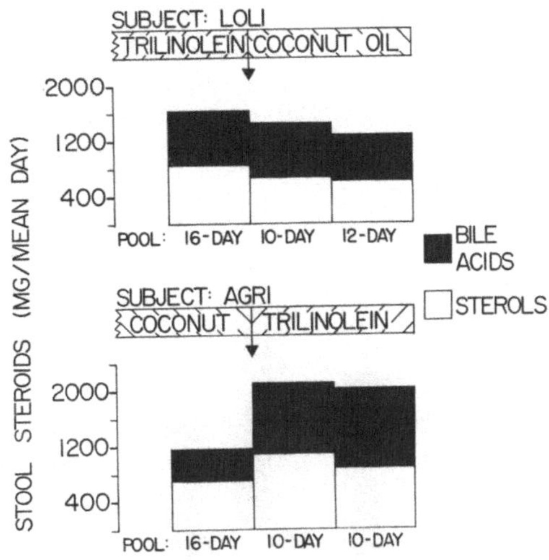

Fig. 4. Excretion of sterols and bile acids with exchange of dietary fats

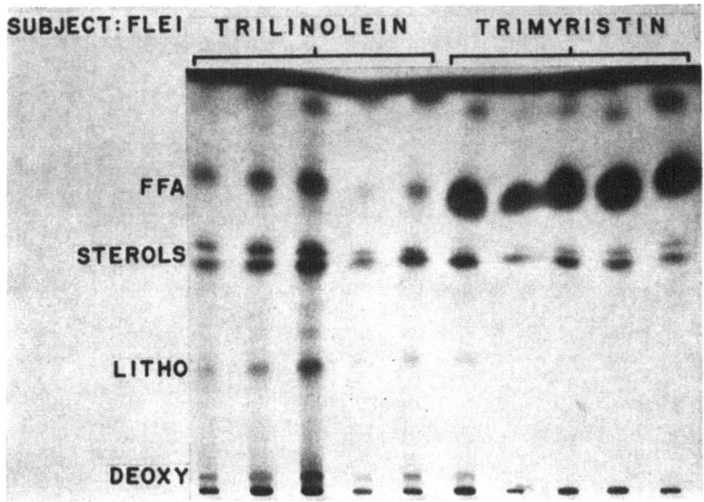

Fig. 5. Thin-layer chromatogram showing decreased daily excretion of sterols and bile acids when the subject's diet fat is changed from trilinolein to trimyristin. Each pattern is representative of lipids from a one-day stool collection on a given diet. Details of chromatography: as Fig. 3

bile acids during the intake of the polyunsaturated as compared to the saturated material.

Figs. 5 to 7 are included to emphasize that our findings can be confirmed without resorting to actual quantitative determinations of stool sterols and bile acids, by combination of thin-layer chroma-

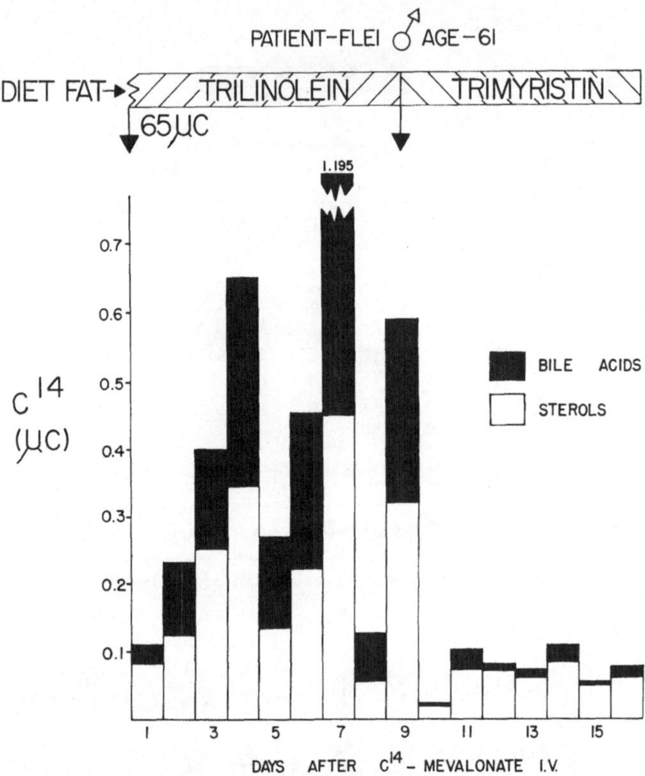

Fig. 6. Abrupt decrease in daily fecal excretion of both sterol and bile acid C^{14}-radioactivity with exchange of dietary fats in a subject who received 65 μc 2-C^{14}-mevalonate I. V. The proportion of total daily radioactivity excreted as bile acids was much reduced on transfer to trimyristin

tographic and isotopic procedures. When a saturated fat, in this case trimyristin, is substituted for trilinolein, simple inspection of the thin-layer plate reveals a very impressive decrease of both steroid entities during the intake of saturated material. Fig. 5 represents daily excretion. As indicated, we place no reliance on daily excretion figures in any quantitative sense, but in spite of this the differences during the two dietary periods are very apparent. Fig. 6 shows the same findings in terms of actual amounts of radioactivity in the daily stool samples; and in Fig. 7 are shown the findings with regard to both inspection and radioactivity of sterols and bile acids, when the two total stool collections are compared for the dietary periods involved.

Obviously then, a very real discrepancy exists between the results obtained by Dr. Ahrens and those obtained in our labora-

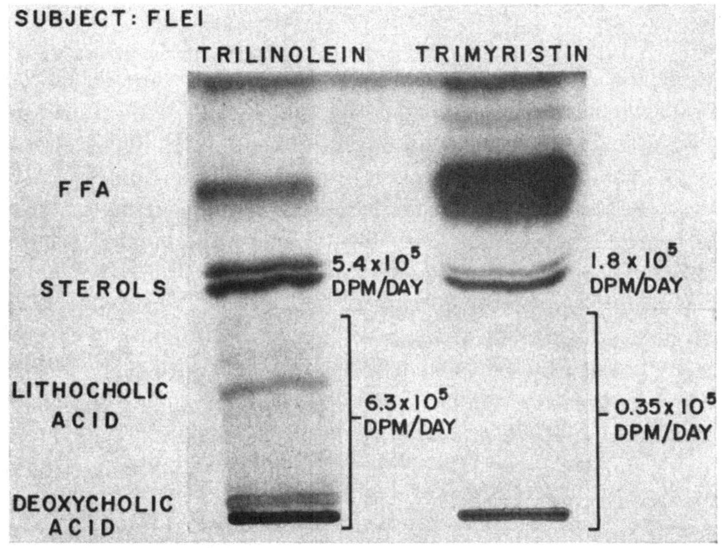

Fig. 7. Thin-layer chromatogram of lipids from pooled fecal collections. Subject: same as Fig. 5 and 6. There is a striking reduction in the mean daily excretion of sterols and of two major bile acids on transfer to the saturated fat diet. Accompanying figures indicate the decrease in proportion of total C^{14} excreted as bile acids per mean day. Details of chromatography: as Fig. 3

tory. We do not know the explanation at the present time but will look forward to comparative studies using the two different methodologies on some of the same stool specimens. We would agree with Dr. Ahrens that a chemical method which is not dependent upon the use of isotopes (to save the isotopes for other purposes) is most desirable. However, at the present time we believe that the job which is most pressing for all of us is to be sure that with any available method one can accurately measure excretion of total sterols and bile acids in the feces.

Klinische Lipoidstoffwechselstörungen[*]

Von G. Schettler

Medizinische Klinik (Ludolf-Krehl-Klinik) der Universität Heidelberg

Mit 2 Abbildungen

Unter Lipoidosen verstehen wir Störungen im Stoffwechsel, die mit Vermehrung von Lipoiden in den verschiedenen Organen oder Organsystemen verbunden sind. Wir unterscheiden die Lipoidosen im engeren Sinne als Speicherungskrankheiten. Zu ihnen sind der Morbus Niemann-Pick, die amaurotische Idiotie vom Typ Tay-Sachs, der Morbus Gaucher und in gewissem Sinne auch der Morbus Hand-Schüller-Christian und der Morbus Pfaundler-Hurler zu rechnen. Diese Krankheiten sind infolge ihrer typischen Systematik leicht zu erkennen. Die Diagnose wird durch Organanalysen gesichert, welche jeweils weitgehend spezifische Lipoidspektren aufzeigen. Bei den Speicherungskrankheiten im weiteren Sinne gehen Veränderungen der Plasmalipoide möglichen Lipoidablagerungen in bestimmten Organen voraus. Man unterscheidet die hereditären Formen der familiären Hypercholesterinämie und Triglyceridämie von den symptomatischen Hyperlipämien. Zu letzteren gehören das nephrotische Syndrom, manche Formen der chronischen Pankreatitis, der Hypothyreose, der primären biliären Lebercirrhose und auch die Hyperlipämien bei Diabetes mellitus und Glykogenosen.

Die Differenzierung dieser symptomatischen Hyperlipämien, vor allem ihre Abtrennung von den essentiellen Triglyceridämien bereiten beträchtliche Schwierigkeiten. Hierzu wurden in den letzten Jahren und Monaten verschiedene Konzeptionen erarbeitet. Die endgültige Klärung auch der Pathogenese steht noch aus.

Der Morbus Niemann-Pick mit seinen verschiedenen Verlaufsformen, der Morbus Tay-Sachs und der Morbus Gaucher sind in ihren Krankheitsbildern weitgehend bekannt, und man kann sich auf Grund der Handbucharktikel leicht orientieren. Im übrigen darf

---

[*] Meinem Lehrer Erich Letterer zu seinem 70. Geburtstag gewidmet.

auf das Referat von JATZKEWITZ zurückgegriffen werden. Auf die Besprechung des Morbus Hand-Schüller-Christian wird bewußt verzichtet, da hier meines Erachtens eine primärentzündliche Systemerkrankung mit sekundärer Cholesterinspeicherung vorliegt. Es besteht also keine Speicherkrankheit klassischer Prägung.

In letzter Zeit sind einige neue Krankheitsbilder bekannt geworden, über die zunächst berichtet werden soll:

Die **A-β-Lipoproteinämie** ist seit 1950 bekannt als Syndrom mit abnormen Erythrocyten, Retinopathie und neurologischen Ausfällen, und wurde erstmals bei einem 18jährigen Mädchen jüdischer, blutsverwandter Eltern beschrieben, nachdem bereits drei Jahre zuvor bei dem Bruder dieser ersten Patientin eine ähnliche Symptomatik beobachtet worden war. Bisher sind 25 Fälle bekannt, die überwiegend jüdischen Familien entstammen. Der Erbgang ist noch nicht hinreichend geklärt. Die ersten Symptome werden meist im Säuglings- und Kindesalter in Form von Erbrechen und Durchfall bemerkt, gelegentlich kommt es dabei zu Fieber. Steatorrhoe ist immer nachweisbar, wobei das Fett im Stuhl überwiegend hydrolysiert erscheint, da noch Lipaseaktivität vorhanden ist. Erythrocytenanomalien imponieren als Akantocytose und aufgehobene Geldrollenbildung. Bemerkenswert ist eine ausgesprochen niedrige BKS. Die Erythrocytenlipoide zeigen einen verminderten Anteil Lecithin, und unter den Fettsäuren der Gesamtphosphatide findet man angeblich nur $^1/_5$ des üblichen Linolsäuregehaltes. Später kommt es im Adolescenten- und Erwachsenenalter zu weitgehend atypischer Retinitis pigmentosa (Vitamin-A-Mangel?), zu geistigen Entwicklungsstörungen und zu ataktischen neuropathischen Krankheitsbildern. Gelegentlich besteht eine ausgeprägte hämorrhagische Diathese (vermutlich als Folge eines Vitamin K-Mangels). Das Krankheitsbild ist vom Cöliakiesyndrom nicht zu unterscheiden, offenbar jedoch unabhängig vom Gliadin. Als konstantes pathognomonisches Symptom findet man eine Hypocholesterinämie um 25 mg/100 ml und eine ausgesprochene Verminderung der Gesamtlipoide. Beides erklärt sich aus dem Fehlen der β-Lipoproteine. Die fettlöslichen Vitamine sowie die Carotine sind gleichfalls vermindert; ferner fehlen nach Fettbelastung die Chylomikronen. Bei der Autopsie oder im excidierten Dünndarmstück findet man stark mit Fett angereicherte und geradezu verstopfte Epithelien. Ob diese Veränderungen morphologisch für die Krankheit anzuschuldigen sind, steht noch nicht fest. Eine starke Reduktion des Nahrungsfettes normalisiert die Stühle. Die Fettsynthese ist intakt, da bei günstiger Diät und Zufuhr von Vitamin A ein normaler Panniculus gebildet wird. Die Blutungsneigung kann man mit Vitamin K günstig beeinflussen, außerdem wurden auch parenterale Linolsäureinfusionen mit angeblich gutem Erfolg versucht.

Tangier Disease (Hypo-α-Lipoproteinämie): 1961 wurde durch Fredrickson u. Mitarb. die erste Mitteilung über ein familiäres Syndrom mit dem Fehlen der High-density-Lipoproteine im Plasma und einer Cholesterinspeicherung im reticulo-endothelialen System veröffentlicht. Man sprach daher von der An-α-Lipoproteinämie und einer familiären Cholesterinose. Fredrickson wies später Spuren von — mit den normalen wahrscheinlich nicht identischen — α-Lipoproteinen nach, so daß man eher von Hypo-α-Lipoproteinämie sprechen sollte. Aufmerksam geworden war man durch stark vergrößerte, gelbe bis orangefarbene Tonsillen bei einem achtjährigen Kind und dessen Geschwistern, die auf der Tangier-Insel in Virginia lebten. Bisher sind drei Geschwisterpaare mit dem vollen Syndrom in drei verschiedenen Stammbäumen bekannt. Ein siebenter Patient wurde in Australien entdeckt. Bei 135 Angehörigen von zwei Geschwisterschaften mit Tangier-Disease wurden bisher die mit der Ultrazentrifuge fraktionierten Lipoproteine auf deren Cholesterinanteil untersucht. Ungefähr $^2/_3$ der Angehörigen zeigten dabei einen etwa 30% und mehr unter der Norm liegenden Cholesteringehalt der HDL D $>$ 1,063. Der äußere Aspekt ist mehr oder weniger unauffällig, häufig findet man die Lymphknoten vergrößert, gelegentlich auch Leber und Milz. Die Diagnose wird durch Untersuchungen mit der präparativen Ultrazentrifuge und mit der Immunelektrophorese gestellt, die eine starke Reduktion der HDL ergibt. Es sei auf die oben berichtete Klassifizierung der Lipoproteinämien durch Fredrickson verwiesen. 24 männliche nahe Verwandte zeigten zu 70% HDL-Konzentrationen unter 33 mg/100 ml, 21 weibliche nahe Verwandte zu 60% HDL-Konzentrationen unter 35 mg/100 ml, gegenüber 4,5 bzw. 5% bei Kontrollpersonen. Bei Tangier-Disease-Patienten findet man kein Cholesterin oder Werte unter 3 mg/100 ml in den HDL-Fraktionen D $>$ 1,063.

Das **Angiokeratoma corporis diffusum Fabry** wurde 1898 erstmals von Fabry und unabhängig davon von Anderson beschrieben. Bemerkenswert ist die Beobachtung von Ruiter und Pompen

1931, welche bei drei Brüdern Herz-, Gefäß- und Nierenveränderungen vorfanden. SCRIBA wies 1950 ein angereichertes Lipoid im Herzmuskel nach. 1957 konnte RUITER in der Niere den Lipoidnachweis führen. Bis heute gibt es über 60 Fälle, fast nur männliche Patienten. Man nimmt einen recessiven Erbgang an. Das klinische Bild besteht in sog. angiomatösen Hauterscheinungen, die zwischen dem 5. und 10. Lebensjahr auftreten und bis zur Pubertät zunehmen. In der Mundschleimhaut findet man bläuliche Papeln, in der Conjunctiva und in der Retina ampullenartig aufgetriebene Venen. Es bestehen Hochdruck, Dyspnoe, Stenokardie und nicht selten eine Linkshypertrophie mit entsprechenden EKG-Veränderungen. Proteinurie, Cylinderurie, Erythrocyturie, stark vacuolisierte lipoidhaltige Epithelien im Sediment sind fast immer vorhanden. In nur wenigen Fällen wurde eine Splenomegalie beobachtet. Gelegentlich werden krampfartige Schmerzen und Parästhesien in Händen und Füßen angegeben. Schwindel, Erbrechen, Sensibilitätsstörungen deuten auf cerebrale Manifestationen hin. Im Serum finden sich normale Verhältnisse. Das pathologisch-anatomische Bild ist gekennzeichnet durch Gefäßektasien an Schleimhaut, Trachea, Magen-Darm-Kanal und Nierenbecken. Regelmäßiger Befund am Gefäßsystem ist eine starke, generalisierte Mediaverdickung infolge einer hyalinartigen Substanz innerhalb und zwischen den Muskelfasern, die am stärksten in den Nierengefäßen angereichert ist. Auffälligerweise sind die Gefäßlumina durch diesen Prozeß nicht eingeengt. Die Glomerula zeigen gelegentlich eine fettige Degeneration. 1963 isolierte SWEELEY eine Lipoidfraktion aus der Niere, die er als Ceramid-Glukose-Galaktose-Galaktose (Trihexosid) kennzeichnen konnte. Das Fettsäuremuster dieses Glykolipoids zeigte vorwiegend Behensäure, Lignocerinsäure und Nervonsäure, jedoch keine α-Hydroxyfettsäuren. Man darf das Fabry-Syndrom wohl als eine viscerale Spingolipoidose ansehen mit Speicherung von zwei Glykolipoiden, von denen bisher eines identifiziert werden konnte.

Die Leukodystrophien. Man versteht darunter hereditäre degenerative Krankheitsbilder des Zentralnervensystems, die durch unterschiedlichen Myelinzerfall und gleichzeitige Speicherung von Cerebrosid-Schwefelsäureestern (Sulfatide) gekennzeichnet sind. JATZKEWITZ geht in seinem Referat näher auf diese Substanzen ein. Ferner sei verwiesen auf die Publikationen von HALLERVORDEN sowie von Hagberg und Sourander. Besonders wichtig sind die degenerativen, diffusen Sklerosen mit abnormalen Hyalinabbauprodukten, wie sie der Typ Scholz darstellt. Mit dem 8. bis 10. Lebensjahr setzt bei diesen Patienten Taubheit ein; bald kommt es zu spastischen Paresen der oberen und unteren Extremitäten; der Tod tritt meist zwei Jahre nach Krankheitsbeginn unter vollkommener Paralyse und Verblödung ein.

Besonderes Interesse beansprucht das sog. **Refsum-Syndrom** (Heredopathia atactica polyneuritiformis). In den Jahren 1937 bis 1943 wurde ein familiär auftretendes, bis dahin unbekanntes Syndrom bei Angehörigen zweier Sippen durch den norwegischen Neurologen Refsum beobachtet, der 1945/46 erstmals darüber berichtete. Schon 1939 wurde ein ähnlicher Fall von Thiébaut u. Mitarb. beschrieben, der jedoch erst 20 Jahre später als Refsum-Syndrom charakterisiert werden konnte. Bis heute gibt es 39 Fälle, vorwiegend im nördlichen Europa, davon zwei in Deutschland. Von 18 Familien mit insgesamt 33 Patienten bestand achtmal Blutsverwandtschaft. Wahrscheinlich muß ein autosomal-recessiver Erbgang angenommen werden. Das klinische Bild beginnt trotz des hereditären Charakters nur in etwa $^1/_3$ aller Fälle vor dem 10. Lebensjahr; nicht selten werden erst im 2. oder 3. Lebensjahrzehnt erste Krankheitszeichen beobachtet. Meistens nehmen die ersten neurologischen Erscheinungen einen sehr langsamen Verlauf. Klinische Manifestationen können sogar ganz fehlen. Es kommen aber auch ausgesprochen schubweise Verläufe vor, nicht selten von plötzlichem Tod gefolgt. Zu den Hauptsymptomen gehören:

1. Augenhintergrundsveränderungen nach Art atypischer Retinitis pigmentosa, die gelegentlich denen bei der amaurotischen Idiotie gleichen können, Nachtblindheit, konzentrische Gesichtsfeldeinengung, gelegentlich Pupillenveränderungen (Miose, träge Lichtreaktion), Cataracta complicata als Begleitung der tapetoretinalen Degeneration.

2. Erscheinungen chronischer Polyneuropathie mit progredienten, distal betonten Paresen der Extremitäten bei herabgesetzten oder aufgehobenen Reflexen.

3. Cerebellare Symptome (Ataxie und Nystagmus).

4. Erhebliche Eiweißvermehrung im Liquor cerebrospinalis ohne Erhöhung der Zellzahl. Ferner werden in wechselnder Häufigkeit

EKG-Veränderungen unterschiedlicher Prägung, symmetrische Dysplasien in Ellenbogen-, Schulter- und Kniegelenken, Hohlfußbildungen, Hautveränderungen nach Art einer Ichthyose sowie Anosmie und Schwerhörigkeit beobachtet. Im Serum sind Eiweiß und Gesamtlipoide unauffällig. Gelegentlich findet man eine leichte Vermehrung der Fettsäuren, aber auch Erniedrigungen der Gesamtfettsäuren sind beschrieben. Einen bemerkenswerten Befund ergibt die qualitative Analyse der Fettsäuren: Sie enthalten durchschnittlich 10 bis 15% 3,7,11,15-Tetramethylhexadecansäure (Phytansäure), die normalerweise nicht im menschlichen Serum in meßbaren Mengen nachweisbar ist. Diese Säure ist in Triglyceriden, Di- und Monoglyceriden, freien Fettsäuren, Lecithinen und Sphingomyelinen des Plasmas enthalten, dagegen nicht in seinen Cholesterinestern. In den ersten bisher analysierten Organmaterialien (KLENK und KAHLKE) wurde sie reichlich in Leber, Nieren und Muskulatur gefunden. Die Cholesterinester der Leber enthielten in diesem einen Fall 72% ihrer Fettsäuren als Phytansäure. Phytansäure ist in geringerem Maße in den Neutralfetten des Gehirns nachweisbar, dagegen nur spurenweise im Depotfett. Glycerinphosphatide und Sphingolipoide des Gehirns sind frei von Phytansäure. Um die weitere Aufklärung der Biochemie ist mein Mitarbeiter KAHLKE in Zusammenarbeit mit WAGENER bemüht. STOFFEL und KAHLKE fanden kürzlich Zusammenhänge zwischen dieser methylverzweigten Fettsäure und dem Phytolstoffwechsel.

Symptomatische Lipoidstoffwechselstörungen. Zweckmäßigerweise trennen wir hier die Hypercholesterinämien, die Hyperphosphatidämien und die Hyperglyceridämien. Sie unterscheiden sich nach den Lipoid-, vor allem aber nach den Lipoproteinkonstellationen. Auch pathogenetisch dürften sie verschiedene Ursachen haben. Ich möchte hier anhand von Lipoproteinmustern die verschiedenen Konstellationen demonstrieren. Die Werte wurden mit der präparativen Ultrazentrifuge, der fraktionierten Fällung in einem abgewandelten Verfahren von COHN X sowie mit der präparativen Elektrophorese im Stärkemedium gewonnen. Als Prototyp der symptomatischen Hypercholesterinämien gilt die Schilddrüsenunterfunktion. Jede Behandlung der Hypothyreose, sei sie nun spontan oder therapieinduziert entstanden, führt zu einer weitgehenden Normalisierung des pathologischen Bildes. Der Prototyp der Hyperphosphatidämien ist die primäre biliäre Lebercirrhose (vgl. Abb. 1). Cholesterin und Glyceride sind weniger stark, aber immerhin deutlich erhöht. Das Serum ist klar. Vor allem Lecithin und Sphingomyelin nehmen stark zu. Ähnliche Lipoidkonstellatio-

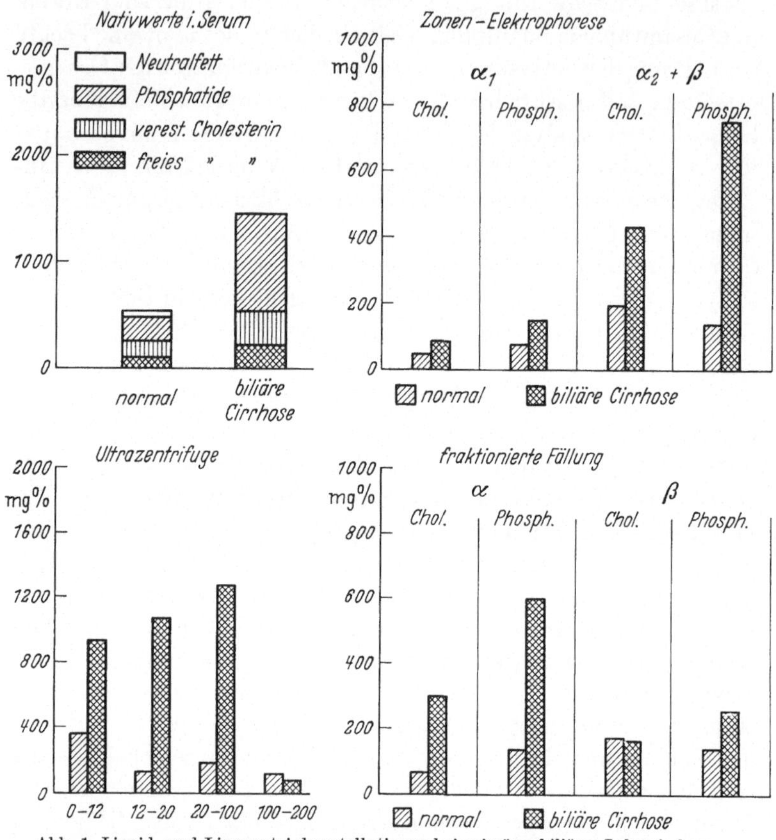

Abb. 1. Lipoid- und Lipoproteinkonstellationen bei primärer biliärer Lebercirrhose

nen finden sich beim intra- und extrahepatischen Verschlußikterus. Während die Phosphatidämie bei der primären biliären Lebercirrhose lange bestehen bleibt und Tendenz zur Zunahme zeigt, kommt es beim extrahepatischen Verschluß, aber auch bei intrahepatischen Verschlüssen vom Typ der chronischen Hepatitis und der Laennecschen Cirrhose, mit der Aggravation der Stoffwechselstörung zum Abfall der Phosphatide und des Cholesterins. Der Typ der symptomatischen Hyperglyceridämien findet sich bei der Nephrose. Vermutlich ist hier pathogenetisch eine Veränderung der Lipoproteinsynthese anzunehmen. Ob der Gallensäuremetabolismus eine Rolle spielt, muß noch geprüft werden. Derartige Lipoid- und Lipoproteinspektren erlauben die Abtrennung der Lipoidnephrose und der Nephrose bei chronischer Nephritis von den Amyloidnephrosen, den toxischen Nephrosen, den Salzverlustnephrosen und anderen Krankheitsbildern. Die Differenzierung der Triglyceridämien bei Diabetes mellitus kann hier im einzelnen nicht abgehandelt werden.

| | Essentielle Hypertriglyceridämien | | | Familiäre Hypercholesterinämien | |
| | Fett-induzierte Form | Kohlenhydratinduzierte Form | Fett -und Kohlenhydrat induz. Form | Hyper-β-Lipoproteinämie | mit Begleithypertriglyceridämie |
	(Typ I)★	(Typ IV★)	(Typ V★)	(Typ II★)	(Typ III★)
Plasma	milchig trüb	klar oder trüb	milchig trüb	klar	klar oder trüb
Cholesterin ...	leicht erhöht	normal oder leicht erhöht	leicht erhöht	erhöht	erhöht
Triglyceride ..	stark erhöht	erhöht	erhöht	normal	erhöht
Chylomikronen	stark vermehrt	normal	stark vermehrt	normal	normal
β-Lipoproteine	normal	normal	normal	vermehrt	vermehrt
α-2-Lipoproteine pre-β-Lipoproteine	normal	vermehrt	vermehrt	normal	vermehrt
Lipoproteinlipase-Aktivität nach Heparin	vermindert	normal	normal oder vermindert	normal	normal
Glucose-Toleranztest	normal	pathologisch	pathologisch	normal (?)	pathologisch

★ nach D. S. Fredrickson, Circulat. Res. **31**, 321 (1965).

Die Beziehungen zwischen Kohlenhydrathaushalt und Fettstoffwechsel sind heute durch neue Untersuchungen der Triglyceridämien recht aktuell geworden.

Die essentielle familiäre Hypertriglyceridämie. Wie der Name sagt, verstehen wir darunter eine Gruppe von Hyperlipämien, welche als deutlichstes Symptom eine Erhöhung der Serumtriglyceride aufweist. Da man bei zahlreichen Fällen mit allgemeiner und coronarer Arteriosklerose häufig eine Vermehrung der Triglyceride findet, ist es angezeigt, jeweils im Einzelfall die familiäre

Häufung der Triglyceridämie nachzuweisen und auch nach den anderen noch zu schildernden Kriterien zu fahnden. Die Zahl der bisher gesicherten Fälle liegt wohl unter 100. Sie dürfte rasch ansteigen, nachdem die Differenzierung möglich geworden ist.

Charakteristisch für die Hypertriglyceridämie ist die rahmige Trübung des Nüchternserums. Bei Kindern ist sie meistens mit einer Entwicklung von Xanthomen verbunden, die bei Erwachsenen nur in etwa der Hälfte der Fälle zu beobachten ist. Bei Kindern fehlt eine ausgesprochene Hepatosplenomegalie niemals, bei Erwachsenen ist sie nicht obligat. Abdominelle Koliken sind ungewöhnlich häufig. Die Gesamtlipoide sind immer erhöht, sie können die Normalwerte um das Dreifache, aber auch um das Zwanzig- bis Dreißigfache übertreffen, wobei ganz überwiegend die Triglyceridfraktion beteiligt ist. Die Phosphatide sind nur leicht vermehrt, unter ihnen auch die Colamin- und Serincephaline, die beide offenbar auch in den Erythrocyten erhöht sind. Problematisch ist das Cholesterin, das im allgemeinen etwas erhöht ist, aber gelegentlich auch exzessive Werte erreichen kann, wie sie selbst bei der familiären Hypercholesterinämie kaum vorkommen. Da eine Parallelität zwischen dem Ausmaß der Triglyceridämie und der Begleitcholesterinämie besteht, muß man wohl u. a. Veränderungen der Löslichkeitskoeffizienten annehmen. Die Lipoproteinkonstellationen unterscheiden sich charakteristisch von denen bei der Hypercholesterinämie (vgl. Abb.). Man findet erhöhte low-density-Lipoproteine, die stark triglyceridhaltig sind, aber auch einen hohen Anteil an freiem Cholesterin transportieren. Interessant ist, daß die Gerinnungsfaktoren bei der essentiellen Hypertriglyceridämie normal sind, im Gegensatz zu ihrem Verhalten bei postprandialen Hyperlipämien.

Die Xanthome sind morphologisch von jenen der Hypercholesterinämie zu unterscheiden. Sie können ausgesprochen eruptiv aufschießen, haben oft einen rötlichen Hof und können sowohl unter therapeutischen Maßnahmen als auch gelegentlich spontan rasch verschwinden. Sehnenbeteiligung ist ausgesprochen selten, dagegen haben wir subperiostale und ossale Xanthome auch bei der Triglyceridämie festgestellt. Auch Dupuytrensche Kontrakturen kommen vor, dagegen findet man nie die bei der Hypercholesterinämie so häufigen Xanthome der Achillessehnen. Näheres kann dem dermatologischen Schrifttum entnommen werden.

Die abdominelle Beteiligung der essentiellen Hypertriglyceridämie kann recht unterschiedlich ausfallen. Es gibt von der diskreten
Leber- und Milzvergrößerung bis zur schwersten raumbeengenden
Hepatosplenomegalie alle Möglichkeiten. Das gleiche gilt auch für
den Charakter der Abdominalschmerzen. Sie haben gelegentlich zur
chirurgischen Intervention geführt. (Nähere Einzelheiten darüber
bei THANNHAUSER, 1949, SCHETTLER, 1955, FREDRICKSON, 1960).
Bemerkenswert ist der oft drastische Abfall der Triglyceride nach
abdominellen Koliken.

Das kardiovasculäre Syndrom wird unterschiedlich beurteilt.
Während mit THANNHAUSER zahlreiche Autoren der Meinung sind,
die essentielle familiäre Hypertriglyceridämie sei durch kardiovasculäre Störungen nicht besonders gefährdet, gibt es auch sichere
Beobachtungen von frühzeitiger und ausgeprägter Coronaropathie.
Sie ist nicht etwa durch eine begleitende Hypercholesterinämie
bedingt, sondern zweifellos auf die Triglyceridämie zu beziehen.
Andererseits muß man THANNHAUSER durchaus darin folgen, daß
eine Hypertriglyceridämie über Jahre und Jahrzehnte bestehen
kann, ohne daß coronare Durchblutungsstörungen sich einstellen
müssen. Nach den Beobachtungen von ALBRINK u. Mitarb., nach
den Ergebnissen der epidemiologischen Untersuchungen (z. B.
Framingham- und Albany-Studie) darf man wohl davon ausgehen,
daß die persistente Hypertriglyceridämie einen bedeutsamen Risiko-
faktor der Coronaropathie darstellt. Ein Ausgleich der anomalen
Serumlipoidverhältnisse ist daher angezeigt. Er setzt voraus, daß
man die Hypertriglyceridämien pathogenetisch differenzieren kann.
Hier haben sich in den letzten Jahren und Monaten neue Gesichts-
punkte ergeben, über die im folgenden berichtet wird und die u. a.
zur Abtrennung einer fettsensitiven (fat-induced) Hyperlipämie
— FHL — und einer kohlehydratsensitiven (carbohydrate-induced)
Hyperlipämie — KHL — geführt haben.

Man hat festgestellt, daß erhöhte Fettzufuhr nur bei einigen der
Patienten mit essentieller Hyperlipämie einen Anstieg der Serum-
lipoide bewirkte. Andere Patienten reagierten dagegen nach Zufuhr
einer isocalorischen kohlenhydratreichen Diät mit einem Anstieg
der Triglyceride. 1962 gaben KINSELL u. Mitarb. vier Typen der
essentiellen Hyperlipämie bekannt. Die eine Gruppe reagierte
gegenüber allen Arten und Mengen von Fett mit einem Anstieg der
Gesamtlipoide im Serum. In einer anderen Gruppe wurde die

Hyperlipämie durch das Angebot gesättigten Fettes verstärkt, durch das Angebot von polyensäurereichen Fetten dagegen gebessert. Eine weitere Gruppe zeigte einen Anstieg der Triglyceride nach Zufuhr gesättigter Fette, der nach Ersatz durch kleinere Mengen hochungesättigter Fette (30 g p. d.) wieder zurückging. Steigerte man diese Anteile an polyensäurereichen Fetten auf über 60 g p. d., so stellte sich ein gegenteiliger Effekt ein. Dieser letztgenannte Typ könnte am ehesten einer sog. kohlenhydratinduzierten Hyperlipämie entsprechen. Offenbar sind die kohlenhydratinduzierten Hyperlipämien viel häufiger als die reine fettsensitive Form.

Während diese beiden Formen in ihrem klinischen Bild nicht entscheidend voneinander abweichen, kann man sie u. a. nach dem Verhalten der Chylomikronen unterscheiden. Erste Hinweise erhält man durch einfaches Stehenlassen des Serums. Bei der fettinduzierten Hyperlipämie setzen sich die Chylomikronen als cremeartige Fettschicht über einem klaren Serum im Oberflächenbereich ab, während das Serum von kohlenhydratinduzierter Hyperlipämie trüb bleibt und die Fettpartikel sich eher am Boden des Röhrchens absetzen. Schon ALBRINK sprach von leichten und schweren Chylomikronen, und wir hatten in Anlehnung an die Untersuchungen von GAGE und FISH auf die Differenzierung der verschiedenen Fettpartikel im Dunkelfeldmikroskop hingewiesen. Zur Unterscheidung von FHL und KHL dient in erster Linie der PVP (Polyvinylpyrrolidon)-Dichtegradient nach GORDIS. Mit dieser Methode kann man die Fettpartikel eines lipämischen Serums insofern auftrennen, als nach 12 bis 16 Std Stehenlassen bei 37 °C eine obere Bande über dem nunmehr klaren Plasma und eine untere Bande unterhalb des Plasmas auftreten. Man sieht eine weitgehende Übereinstimmung zwischen dem Fettsäuremuster der oberen Schicht und dem des jeweils verabfolgten Nahrungsfettes, die auf der Höhe der alimentären Lipämie am ausgeprägtesten ist. Diese Fraktion enthält also vorwiegend die der Lymphe des Ductus thoracicus und damit die dem resorbierten Nahrungsfett entstammenden Fettpartikel. Die untere Bande entspricht in ihrer Fettsäurezusammensetzung am ehesten körpereigenem Fett, und man nimmt an, daß diese Fettsäuren in der Leber synthetisiert werden. Bei der FHL finden wir regelmäßig die obere Bande, bei der KHL scheiden sich die entsprechenden Partikel in der unteren Bande bzw. am Boden des

Röhrchens ab. Die Wirkung einer fettfreien Diät auf die Chylomikronen bei FHL zeigt sich in einer Rückbildung der oberen Bande. Man kann mit fettfreier Kost ein vollständiges Verschwinden der Chylomikronen erreichen. Im PVP-Dichtegradienten imponiert das Serum streng fettfrei gehaltener FHL-Patienten meist wie das einer leichten KHL. Dieser Befund spricht dafür, daß durch Fettkarenz die Lipogenese stimuliert und ein entsprechender Teil endogener Fettpartikel ausgeschwemmt wurde. Die endogen-lipogenetisch entstandenen Partikel sind reich an gesättigten und Monoensäuren und ausgesprochen arm an Linolsäure und höher ungesättigten Fettsäuren.

Beide Formen der Hyperlipämie kann man ferner durch den Fett-Toleranztest unterscheiden. Schon lange ist bekannt, daß gewisse lipämische Seren postprandial verzögert geklärt werden. Dieses Phänomen ist einem Enzymsystem, der sog. Lipoproteinlipase, zuzuschreiben. Seine Funktion ist offenbar eng an eine ungehinderte Passage der Triglyceride und freien Fettsäuren durch die Zellmembran gekoppelt. Plasma von FHL zeigt nach Heparininjektion eine weit unter der Norm gelegene lipolytische Aktivität, während sich KHL-Patienten von gesunden Kontrollpersonen darin nicht unterscheiden. Mit einer reproduzierbaren Methode, bei welcher definierte Mengen pro Zeiteinheit und Volumen bestimmt werden, kann man so die beiden Hyperlipämietypen differenzieren.

Unter dem Aspekt einer Störung im Kohlenhydratstoffwechsel bei KHL haben KNITTLE und AHRENS (1964) den Tolbutamid-(Rastinon)-Test durchgeführt. Man findet bei der fettinduzierten Hyperlipämie ein Verhalten wie beim Normalen, während der Blutzucker bei der KHL nach Tolbutamid wie bei Prädiabetikern reagiert. Ähnliche Verhältnisse zeigen sich bei der Bestimmung der sog. insulinähnlichen Aktivität (Insulin-like-activity).

Die Ergebnisse von AHRENS u. Mitarb. sind nicht in allen Einzelheiten akzeptiert worden. KINSELL gibt eine andere Einteilung der Hyperlipämien. Er unterscheidet die fettinduzierte Hyperlipämie (Hyperchylomikronämie, alimentäre Hyperglyceridämie) von den sog. nichtalimentären Hyperglyceridämien. Hier unterscheidet er die kohlenhydratinduzierte Hyperglyceridämie von der calorisch induzierten Hyperlipämie. Letztere entwickelt sich sowohl nach kohlenhydrat- als auch nach fettreichen Kostformen. Diese calorischen Mengen können einen progressiven Anstieg der Triglyceride bewirken. Die einzelnen Individuen reagieren aber von Fall zu Fall bei gleichem Calorienangebot nicht nur mit unterschiedlichen Gewichtssteigerungen, auch die Fettsäure- und Lipoproteinmuster können unterschiedliche Veränderungen zeigen. Nach Kinsell u. Mitarb. ist für alle nicht alimentären Hyperlipämien die Kohlenhydratunverträglichkeit gegeben. Die Pathogenese dieser Hyperlipämieform ist aber bisher unbekannt. Sie kann in einer Überproduktion der very-low-density-lipoproteine durch die Leber bestehen, aber auch eine Störung der Entfernung aus dem Plasma kann eine Rolle spielen. Hierfür scheinen Ergebnisse des Kinsellschen Arbeitskreises zu sprechen, wonach eine Insulininfusion mit einer progressiven Abnahme der Plasmatriglyceride beantwortet wird; die Co-Infusion von Protamin, welches die Stimulation der Lipaseaktivität durch Heparin hemmt, vermindert oder verhindert diese Insulinwirkung.

Den begrüßenswerten Versuch einer Klassifizierung der Hypertriglyceridämien und Hypercholesterinämien hat in allerjüngster Zeit Fredrickson unternommen. Anhand der relativ einfach darzustellenden Lipoproteinmuster im Papierelektropherogramm findet er fünf voneinander unterschiedliche Typen, bei denen in charakteristischer Weise jeweils bestimmte Lipoproteinfraktionen von einer Vermehrung betroffen sind. Sofern es sich bestätigen läßt, daß hier genetisch voneinander abgrenzbare Krankheitsbilder vorliegen, wäre ein Weg zu einer einheitlichen internationalen Nomenklatur gewiesen (vgl. Abb. 2).

Es muß noch festgestellt werden, ob die bei einigen Formen vorherrschende Kohlehydratintoleranz ein sekundäres Phänomen ist, ob sie auf Störungen des Fettsäurenstoffwechsels beruht oder auf einem Defekt in der Insulinaktivität. Da die meisten erwachsenen Diabetiker keine signifikante Hyperglyceridämie haben trotz ausgesprochener Hyperglykämie, muß man annehmen, daß die Hyperglykämie allein nicht die Störung der Plasmalipoide hervorruft. Es ist auffällig, daß die begleitenden Hyperglyceridämien bei Alkoholismus, diabetischer Ketoacidose, Pankreatitis, Lipodystrophie und Glykogenspeicherkrankheiten Lipoproteinmuster erkennen lassen, welche der kohlenhydratinduzierten Hyperlipämie ähnlich sind. Wir stehen hier erst am Anfang einer außerordentlich wichtigen Entwicklung.

Die essentielle familiäre Hypercholesterinämie. Sie ist ebenfalls eine hereditäre Lipoidstoffwechselstörung. Ihre charakteristischen Merkmale sind ein erhöhter Cholesterinspiegel im Plasma, während die übrigen Lipoide meistens weniger stark erhöht sind. Die Lipoproteine zeigen charakteristische Veränderungen. Ein Drittel bis

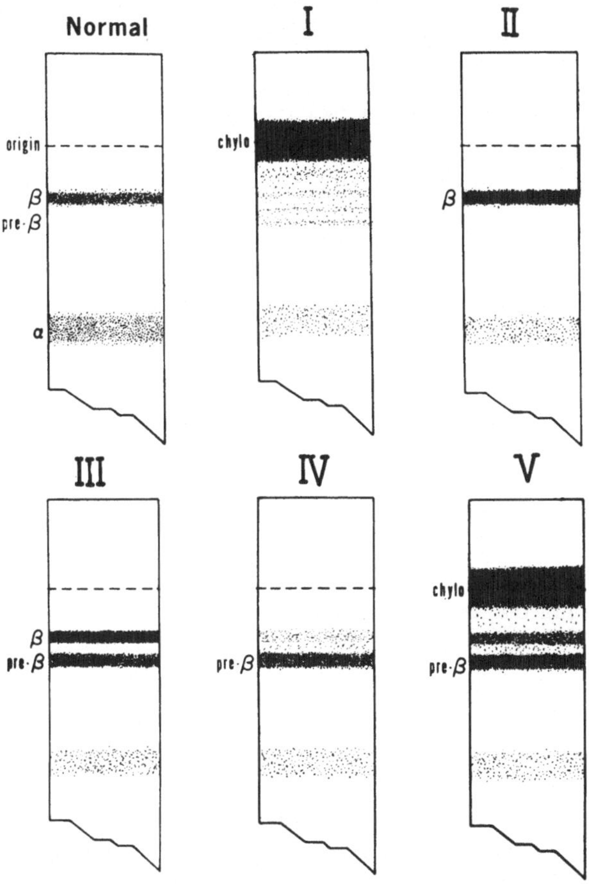

Abb. 2. Papierelektropherogramme bei Normalen, I: fett-induzierter Hyperlipämie, II: familiärer Hypercholesterinämie (Hyper-β-Lipoproteinämie), III: II mit Begleithypertriglyceridämie, IV: kohlenhydrat-induzierter Hyperlipämie, V: calorisch induzierter Hyperlipämie. — In Anlehnung an die vorgeschlagene Einteilung von D. S. FREDRICKSON, Circulat. Res. **31**, 321 (1965)

die Hälfte aller Erkrankten weist Haut- und/oder Sehnenxanthome auf. Die „formes frustes" nach THANNHAUSER haben eine Hypercholesterinämie ohne Hautbeteiligung. Etwa ein Drittel aller Fälle bietet ein sog. kardiovasculäres Syndrom. Im Vergleich zur übrigen, von Kranzgefäßerkrankungen zunehmend befallenen Bevölkerung tritt das Syndrom bei der essentiellen familiären Hypercholesterinämie häufiger und altersmäßig früher auf. Xanthelasma palpebrarum und Arcus lipoides corneae sind weniger spezifische Symptome der familiären Hypercholesterinämie und für diese nicht pathognomonisch.

Über den Erbgang bestehen verschiedene Meinungen.

Nach einer sorgfältigen Auswertung der Literatur kommt W. Fuhrmann zum Schluß, daß ein unvollständig dominanter Erbgang bei mäßiger Hypercholesterinämie bei Heterocygoten und schwerer Hypercholesterinämie bei Homocygoten am wahrscheinlichsten ist. Das pathologische Gen kommt innerhalb eines Systems zusammenwirkender endogener und exogener Faktoren zur Wirkung. Diese Faktoren führen in jeder der untersuchten Gruppen zu erheblicher Streuung. Die Ausbildung von cutanen und Sehnenxanthomen ist offenbar sekundär und hängt von verschiedenen Faktoren ab. Unter ihnen sind nicht allein Höhe und Dauer der Hypercholesterinämie maßgebend. Die Neigung zu Xanthomatose und/oder Arcus corneae kann dabei intrafamiliär ähnlich sein, was auf den Einfluß modifizierender Erbfaktoren hinweist. Wir verweisen auf Fuhrmann, auf Hood und Angervall (1959), Fredrickson, Guravich und eigene Publikationen.

Die essentielle familiäre Hypercholesterinämie hat deswegen eine eminente Bedeutung, weil kardiovasculäre Störungen so ungewöhnlich häufig sind. Sie führen nicht selten bereits im Kindesalter oder bei Jugendlichen zum Exitus letalis. Es darf als gesichert gelten, daß xanthomatöse Veränderungen in den Herzklappen, in den Kranzgefäßen, aber auch in den peripheren Arterien mittlerer und kleiner Kaliber die Zirkulation behindern. Charakteristisch für die Histologie ist die Schaumzelle, welche bei der „gewöhnlichen" Arteriosklerose eine ausgesprochene Seltenheit darstellt. Wir sehen daher in der kardiovasculären Komplikation der essentiellen Hypercholesterinämie eine vom Gros der Arteriosklerose zu unterscheidende Gefäßstörung. Das kardiovasculäre Syndrom kann beim Klappenbefall unter dem Bild eines oder mehrerer Vitien erscheinen. Bei jedem jugendlichen Herztodesfall muß man nach xanthomatösen Veränderungen im Coronarbereich suchen. Eine rheumatische Genese muß ausgeschlossen werden. Allerdings ist bemerkenswert, daß essentielle familiäre Hypercholesterinämien statistisch auch häufiger mit rheumatischem Fieber und seinen Gefäß- bzw. kardialen Folgen verbunden sind. Einschließlich sieben eigener Beobachtungen sind bisher 43 jugendliche Herztodesfälle bei familiärer Hypercholesterinämie beschrieben, welche typische xanthomatöse Veränderungen des Gefäßsystems aufwiesen.

Serumbefunde. Die Gesamtlipoide sind fast immer mäßig erhöht. Es führt die Cholesterinfraktion, doch sind auch Phosphatide und Triglyceride vermehrt. Das Verhältnis von freiem zu verestertem Cholesterin ist nach THANNHAUSER im allgemeinen nicht gestört, nach LEVER und anderen Autoren soll das freie Cholesterin gegenüber dem Normalen doch etwas erhöht sein. Die Phosphatiderhöhung betrifft fast ausschließlich das Lecithin, während Cephalin und Sphingomyelin kaum betroffen sind. Die Ergebnisse von NOTHMAN und PROGER, welche eine Erhöhung des Phosphatidyläthanolamins und des Phosphatidylserins auf das zwei- bis dreifache der Norm fanden, konnten von unserer Gruppe nicht bestätigt werden (WAGENER u. Mitarb.). Die Untersuchungen der Serumlipoproteine ergibt interessante Einzelheiten. Die Abb. 3 zeigt das Spektrum der familiären Hypercholesterinämie (SCHETTLER u. Mitarb., 1956). GURAVICH (1959) kam ebenfalls zu einer nahezu regelmäßigen Erhöhungder S_f-0—12-Lipoproteine, die sehr häufig auch die S_f-12—20, weniger stark die S_f-20—100-Klassen einbeziehen. Damit unterscheidet sich dieses Spektrum eindeutig von der Triglyceridämie und speziell auch von der essentiellen familiären Triglyceridämie. Verwiesen sei auch auf das Verhalten von Cholesterin und Phosphatiden in der Zonenelektrophorese. Auch hier findet man deutliche Unterschiede zwischen beiden Krankheitsbildern. LEVER u. Mitarb. fanden im Elektrophoresediagramm nach TISELIUS eine abnorme Zunahme der β-1-Lipoproteine. Die mit der präparativen Ultrazentrifuge isolierten Lipoproteine der Klasse S_f-10—20 sind beim Vorhandensein von tuberösen Xanthomen unabhängig von der Höhe des Serumcholesterins immer (Mc. GILLEY, JONES und GOFMAN), und bei Xanthelasmen häufig (EPSTEIN, ROSENMAN, GOFMAN) vermehrt. GODAL, LUND und SIEVERTSSEN vertreten die Meinung, daß der β-Lipoproteinspiegel ein empfindlicherer Indicator zur Erkennung einer familiären Hypercholesterinämie sei als

das Cholesterin allein. Das geht auch aus den Befunden von Fredrickson hervor, die in der Tabelle berücksichtigt sind.

Die Carotinoide des Plasmas steigen nach Zöllner u. Mitarb. etwa
im gleichen Ausmaß an wie das Cholesterin. Daraus ist zu folgern,
daß die bei essentieller familiärer Hypercholesterinämie registrierten
Veränderungen Ausdruck von gestörten Löslichkeitsphänomenen
sind. Damit ist die ebenso diskutierte Annahme einer defekten
Koppelung der Fett-Eiweiß-Transportformen gut vereinbar.

Verschiedentlich wurde die Meinung geäußert, die essentielle
familiäre Hypercholesterinämie sei von der familiären Triglyceridämie als selbständige Krankheitsform nicht abzugrenzen. Gegen
diese Annahme spricht u. a. das völlig verschiedene Lipoid- und
Lipoproteinspektrum, ferner auch die unterschiedliche Reaktion
auf klärfaktorinduzierende Substanzen. Heparin und Heparinoide
haben bei der essentiellen Hypercholesterinämie keinen oder höch-
stens einen leichten und kurzdauernden Effekt auf die Lipoproteine
und Lipoide. Wenn die letzteren reagieren, so ist in erster Linie an
Löslichkeitseffekte zu denken. Die geringfügige Reduktion der
Triglyceride bewirkt einen entsprechenden Abfall auch der anderen
Lipoide. Die von Lever, Herbst und Lyons, 1955 beschriebenen
Veränderungen der Lipoproteine bleiben weit hinter jenen bei der
essentiellen Triglyceridämie zurück.

Bezüglich der chemischen Analysen der Haut- und Sehnenxanthome sei auf die Übersichten verwiesen (Schettler, 1955,
Fredrickson, 1960). Man darf annehmen, daß der größte Teil der
die Xanthome ausmachenden Lipoide aus dem Serum stammt, doch
ist in Übereinstimmung mit den Analysen von atheromatösen
Plaques anzunehmen, daß ein Teil auch ortsständig synthetisiert
wird. Wir verweisen auf Chaikoff u. Mitarb., Siperstein u. Mitarb., ferner auf die neuesten Ergebnisse des Wielandschen Arbeitskreises.

Ob die essentielle familiäre Hypercholesterinämie nosologisch
eine Einheit darstellt, ist auch heute noch nicht sicher zu sagen.
Im übrigen ist es bemerkenswert, daß ein Teil der Fälle auf Atromid
gut, ein anderer Teil überhaupt nicht reagiert. Das gleiche gilt auch
für die Reaktion auf Nicotinsäure, Phosphatidfraktionen und auf
diätetische Maßnahmen. Zumindest zwei Formen, nämlich die
Hyper-β-Lipoproteinämie und die Hyper-β-hyper-α_2-Lipoprotein-
ämie, lassen sich unterscheiden.

Am 1. 5. 1965 wurde im Anschluß an das

16. Mosbacher Colloquium

im Namen der Gesellschaft für Physiologische Chemie

am Geburtshaus von

L. J. W. THUDICHUM

geb. 27. 8. 1829 in Büdingen (Hessen)

gest. 7. 9. 1901 in London (England)

des „Vaters der Neurochemie", eine Gedenktafel angebracht*

---

* Debuch, H., and R. M. C. Dawson: Nature (Lond.) **207**, 814 (1965)